STEAM
こどもSTEAM

次世代を担う子どもたちの、新しい学び。

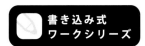
書き込み式
ワークシリーズ

こど
STEAM

JN023076

「こどもSTEAM」とは世界標準の思考力、視野、教養、創造性など、
これからの子どもたちに身につけてほしい教育領域「STEAM」*に特化した
アルクの小学生向け書き込み式ワークのシリーズです。
理数系の能力と表現力や創造性をバランスよくはぐくみます。

* Science（科学）、Technology（技術）、Engineering（工学・ものづくり）、Arts（芸術・リベラルアーツ）、
Mathematics（数学）の頭文字をとった造語で、理数系の能力に加え、表現力や想像力といった非認知系能力も
対象にした教育理念のこと。「スティーム」と発音する。

アルク

『6さいからはじめる プログラミングの考え方』

定価：1,320円
対象：6歳〜
商品構成：B5判、104ページ
監修：西原明法（東京工業大学名誉教授）　著者：栗山直子、森秀樹、齊藤貴浩
ISBN：9784757436985

「論理的に考え抜き、試み、伝える力」をはぐくむワークブックです。「時間割」「給食」「謎解き」など、子どもたちにとって身近なテーマから発想した45のワークに挑戦します。ワークを通じて「他者と協力して何かを達成する」「意見交換を通じてより良いものを作り上げる」などを経験することで、プログラミングに取り組む前に身につけておきたい力を伸ばします。

『小学5・6年生向け 統計【基礎編】』
『小学5・6年生向け 統計【発展編】』

各定価：1,320円
対象：小学5年生〜
商品構成：（各タイトル）B5判、104ページ（基礎編）、
　　　　　112ページ（発展編）
監修：渡辺美智子（立正大学データサイエンス学部教授、
　　　　　放送大学「身近な統計」主任講師）
ISBN：9784757439542（基礎編）、9784757439559（発展編）

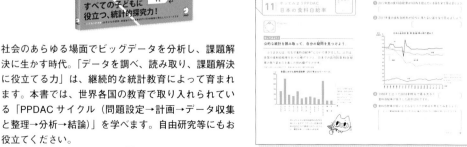

社会のあらゆる場面でビッグデータを分析し、課題解決に生かす時代。「データを調べ、読み取り、課題解決に役立てる力」は、継続的な統計教育によって育まれます。本書では、世界各国の教育で取り入れられている「PPDACサイクル（問題設定→計画→データ収集と整理→分析→結論）」を学べます。自由研究等にもお役立てください。

『小学3・4年生向け ナゾとき英単語』
『小学5・6年生向け ナゾとき英単語』

各定価：1,320円
対象：小学3年生〜
商品構成：（各タイトル）B5判、112ページ
謎解き制作：RIDDLER
謎解き監修：松丸亮吾（謎解きクリエイター）
ISBN：9784757439603（小学3・4年生向け）、
　　　　9784757439610（小学5・6年生向け）

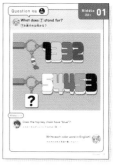

「ストーリーマンガ×ナゾとき」で英単語を楽しく学べるワークブックです。学んだ英単語がカギとなるナゾときに挑戦しながら、小学校で学ぶ基本的な英単語を身につけます。ナゾとき問題は、20のストーリーマンガに関連した20問、5問のスペシャル問題の計25問を掲載。クロスワードやリスニングクイズなどで、復習も楽しく行えます。

『10才からの
　気持ちのレッスン』

定価：1,320円
対象：10歳〜
商品構成：B5判、112ページ
著者：黒川駿哉（慶応義塾大学医学部精神・神経科学教室特任教授／不知火クリニック）
ISBN：9784757439740

自分の気持ちやほかの人の気持ちとのつき合い方、大人にとっても難しい状況での対応の仕方、どんな人になりたいかを考えるワークブックです。「気持ち」をめぐるこれらの問いに正解はありません。自分なりの解答を振り返りながら、児童精神科医の著者と一緒に「気持ち」について考える力を育んでいくことができます。しなやかに気持ちとつき合えるようになる一冊です。

『小学3・4年生向け お金の考え方・使い方』

定価：1,320円
対象：小学3年生〜
商品構成：B5判、104ページ
著者：キャサリンとナンシー（「キャサリンとナンシーの金融教育」ファイナンシャル・プランナー）
ISBN：9784757439757

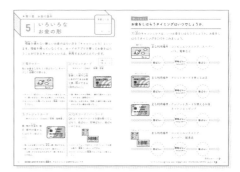

2022年春から高等学校の学習内容に「金融教育」が加わりました。次世代を担う子どもたちは、より早い時期からお金の知識を得て、お金との上手な付き合い方を身につけることが必要です。本書では、お金の役割や歴史、電子マネー、価格変動、税金、銀行、ライフデザインなど、多岐にわたるテーマについて学びながら、自ら考え、言語化し、自立して生きていく力を育みます。

新タイトルも続々刊行！ 鋭意制作中です。どうぞお楽しみに！

【2022年6月刊行予定】
『小学5・6年生向け お金の考え方・使い方』
1,320円（税込・予価）
B5判、112ページ
ISBN：9784757439788

【2022年7月刊行予定】
『身の回りから考える SDGs』
1,320円（税込・予価）
B5判、108ページ（予定）
ISBN：9784757439900

アルクの刊行情報はこちらから！
https://www.alc.co.jp/

株式会社アルク
〒102-0073 東京都千代田区九段北4-2-6　市ヶ谷ビル
※本冊子は2022年4月時点の情報です。
　新刊の刊行時期については変更になる場合もございます。予めご了承ください。

STEAM
こ ど も STEAM

さいから
はじめる

プログラミング
の考え方

6パート
45
ワーク

監修　**西原明法（東京工業大学名誉教授）**

執筆　**栗山直子・森秀樹・齊藤貴浩**

アルク

この　ほんを　てに　とった　みなさんへ

　みなさんの　まわりにある　コンピュータを　はじめ、さまざまな　ものが　プログラミングを　することで　うごいています。プログラミングは、コンピュータに　うごきを　めいれいするために、どういう　じゅんばんで、どう　うごいてほしいかを　つたえる　ことです。

　みなさんの　せいかつの　なかにも、じつは　プログラミングと　にたような　ものが　たくさん　あります。この　ほんでは、みなさんの　みぢかな　テーマから、プログラミングに　ひつような　かんがえかたを　みに　つけましょう。

おうちのかたへ

　2020年度から、小学校でプログラミングが必修となりました。本書は、コンピュータを使わずとも、身近な動作を整理して考えることで、順次、反復、分岐など、プログラミングの基本の考え方を身につけることを目指しています。

　また、お子さんは、考えた手順が正しいか否かを確認したり、間違いを恐れず試行錯誤を繰り返したりすることによって、目的の手順が達成される喜びを感じることができるでしょう。さらに、場合によって目的を達成する方法は1つではなく、多くの解があることに気づいてもらえれば、実際にコンピュータでプログラミングする場合に役立つものと思います。

西原明法（監修者）

もくじ

本書の使い方

本書は、これからの子どもたちに身につけてほしい力の1つである「プログラミング的思考」をテーマにした、書き込み式ワークブックです。パート1から順番に進めることで、実際にプログラミングを行う際に必要な、論理的に考え抜く力、伝える力、試して修正する力などが育ちます。

また、子どもにとって身近で、日常生活でも実践できる事柄をテーマに、バラエティに富んだ問題を用意しました。子どもたちが能動的に、ワクワクしながら取り組めます。

さらに、親子や友達、兄弟などと一緒に考える問題もあるので、「他者と協力して何かを達成する」「意見交換を通じてより良いものを作り上げる」といったプログラミングに欠かせない過程を、本書で体験できます。

> 行った日を記入します。

> 問題を解いたら、色を塗ったりシールを貼ったりしましょう。

> 1問あたり1ページ、または2ページで構成されています。問題文がひらがな・カタカナのみで書かれていますので、基本的にお子さん1人で取り組めます。問題を解いた後は、日常生活での実践にもぜひつなげてみてください。

おやつをたべる

5

いまから 3にんで
おやつを たべます。

 わたし ともだち おとうと

1 コップと フォーク、おさらを セットにして 3にんぶん テーブルに ならべます。テーブルに えを かいてみましょう。

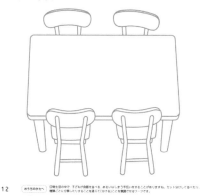

2 おやつを たべおわったら つかった コップと フォーク、おさらを あらって かたづけます。おなじ しゅるいごとに まとめて たなに しまいます。たなの どこに しまいますか? たなに えを かいてみましょう。

3 コップと フォーク、おさらを テーブルに ならべたとき、どのように わけましたか? また、たなに しまったとき、どのように わけましたか? ことばで かいてみましょう。

ならべるとき　　　　しまうとき

12　　おうちのかたへ 日常生活の中で 子どもが食器を並べる、あるいはしまう手伝いをすることがありますが、セット分けして並べたり、種類ごとに分類したりすることを通じて「分ける」ことを意識させるワークです。

13

> 問題のポイントや子どもへの声がけ例を示していますので、参考にしてください。

> 言葉で書くのが難しい場合は、「絵にかく」「口に出して言う」などの方法でも問題ありません。

解答例は各パートの最後に掲載しています。正解は1つとは限りません。どうしてその答えを導いたのか、他にどんな答えがありうるか、お子さんと話し合ってみるのもいいですね。

巻末の「もっとプログラミングを知りたい人へ」はおうちのかた向けですが、お子さんと一緒に読んで、より理解を深める材料にしていただくのもよいでしょう。

わける

このパートの　テーマは
「ものを　わけること」です。
いっしょに　たのしく
もんだいを　といていきましょう！

おうちのかたへ

目的に応じて、基準を変えて分けられるようになりましょう。子どもは目に見えて目立つ特徴や目立つ類似性を基準に、分けることを考える傾向があります。目的が違うと、同じものでも分け方が違うということに気づけるといいですね。

ようゐするもの

■ えんぴつ
■ いろえんぴつ
■ けしごむ

どうぶつ

さっそく　かんがえて　みましょう！
どうぶつを　なかまに　わけます。いろえんぴつを　つかって、
おなじ　どうぶつを　おなじ　いろの　〇で　かこみましょう。
なにいろを　つかっても　いいですよ。

おうちのかたへ　本書には正解がない問題が多く含まれています。お子さんがうまく答えを導けない場合は一緒に考え、お子さんなりの
答えが出たら「よく考えられたね」とほめてあげてください。

かだん

かだんに　さまざまな　はなを　うえます。
かだんごとに　いろを　そろえます。
かだんごとに　かいてある　いろの　とおりに、はなに　いろを
ぬりましょう。

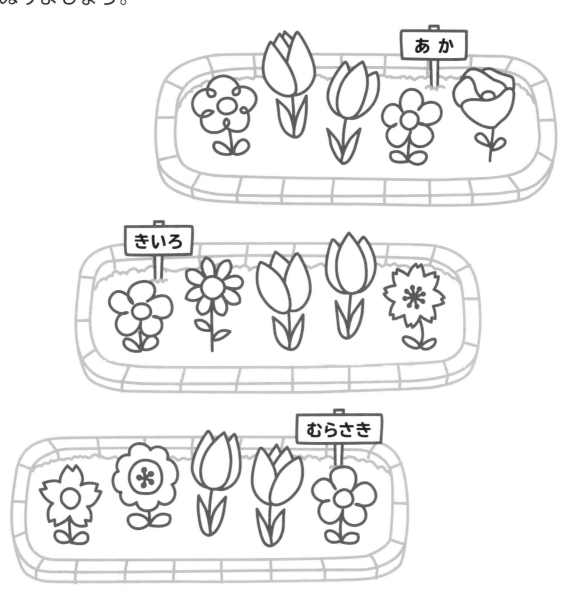

おうちのかたへ　種類だけではなく色でも分けられることを、色を塗りながら体験できる問題です。葉っぱの色を緑色に塗るなどしても
よいですね。

せんたくもの

そとに　ほしていた　❶から❼の　せんたくものを
とりこみました。せんたくものの　しゅるいごとに　わけます。
えの　したにある　４つの　しかくの　ところに、あてはまる
すうじを　かきましょう。

ズボン　　　　Tシャツ　　　　くつした　　　　タオル

4

おもちゃをかたづける

ここからは　わけかたを　じぶんで　かんがえてみましょう！
❶から❻の　おもちゃを、３つの　おもちゃばこに　かたづけます。えの　したにある　３つの　はこに、あてはまる　すうじを　かきましょう。また、はこに　なまえを　つけましょう。

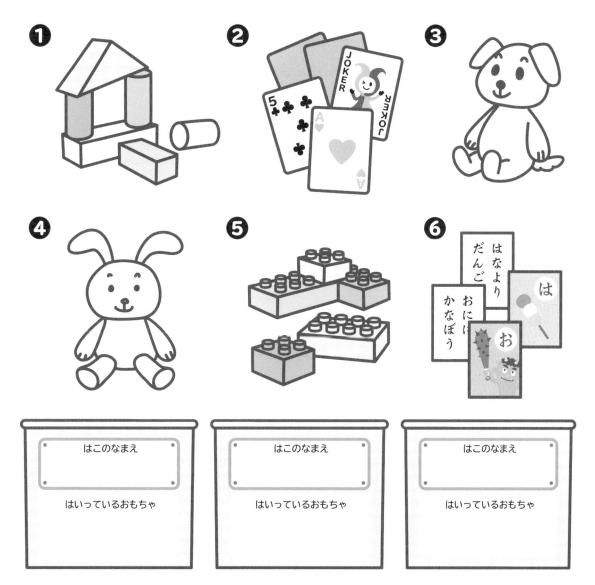

　6つのおもちゃを、自分なりに分類を考えて、3つの箱に収める問題です。物の性質に沿って分類してもいいですし、色別で分類してもよいでしょう。正解が1つではないことがポイントです。

11

がつ　　　にち

おやつをたべる

いまから　3にんで
おやつを　たべます。

わたし　　　　　ともだち　　　　おとうと

[1] コップと　フォーク、おさらを　セットにして　3にんぶん
テーブルに　ならべます。　テーブルに　えを　かいて
みましょう。

（おうちのかたへ）　日常生活の中で、お子さんが食器を並べる、あるいはしまう手伝いをすることがありますね。セット分けして並べたり、種類ごとに分類したりすることを通じて「分ける」ことを意識させるワークです。

[2] おやつを たべおわったら つかった コップと フォーク、
おさらを あらって かたづけます。おなじ しゅるいごとに
まとめて たなに しまいます。たなの どこに
しまいますか？ たなに えを かいてみましょう。

[3] コップと フォーク、おさらを テーブルに ならべたとき、
どのように わけましたか？ また、たなに しまったとき、
どのように わけましたか？ ことばで かいてみましょう。

ならべるとき　　　　　　　　　　しまうとき

ふでばこ

ここからは　おうちのひとや　ともだちの　ちからも　かりて
かんがえてみましょう。

[1] ふでばこに　4ほんの　えんぴつを　どのように　いれますか？
　　ふでばこの　なかに　えを　かいてみましょう。

[2] おうちのひとや　ともだちの　かんがえを
　　きいてみましょう。わたしの　かんがえと　おなじ？
　　それとも　ちがう？　ことばで　かいてみましょう。

おなじ　　　　　　　　　　　　　　ちがう

● なにが　おなじでしたか？　　　　● なにが　ちがいましたか？

　おうちのかたへ　お子さんがどう並べるか迷っているようでしたら、「私ならこうするよ」と声がけしてみてください。書くのが難しい場合は、話し合ってもいいですね。

ボタン

[1] ボタンが 9つ あります。わけかたを かんがえて 3つの
はこに いれてください。

[2] おうちのひとや ともだちの かんがえを
きいてみましょう。わたしの かんがえと おなじ？
それとも ちがう？ ことばで かいてみましょう。

おなじ | ちがう

● なにが おなじでしたか？ | ● なにが ちがいましたか？

くだものをくばる

つぎの　もんだいは　すこし　むずかしいかも　しれないですが、
あきらめずに　かんがえてみましょう。

バスケットに　りんご、バナナ、みかん、ぶどうが　2つずつ
あります。まいこさん、つむぎさん、ゆうきさん、あつしさんの
4にんに、2しゅるいずつ　くだものを　くばります。
4にんには　それぞれ　すきな　くだものと　にがてな
くだものが　あります。

		すき		にがて	
	まいこ	ぶどう		みかん	
	つむぎ	りんご		みかん	
	ゆうき	みかん		バナナ	
	あつし	バナナ		ぶどう	

おうちのかたへ　4人の子どもにはそれぞれ「好きな果物」と「苦手な果物」があります。「まず好きな果物を配ってから、苦手な果物を避けて配る」など、考えるためのヒントを与えてもよいでしょう。

[1] 4にんに それぞれ すきな くだものを くばって、
にがてな くだものは くばらないように したいと
おもいます。どういう くみあわせで くばると
よいでしょうか？
4人の まえに ある おさらに えを かいてみましょう。

まいこ　　　つむぎ　　　ゆうき　　　あつし

[2] どのように かんがえて くばったか、ことばで
かいてみましょう。

こたえ

わける 1

どうぶつ

同じ動物同士を同じ色の○で囲んであれば、正解です。

わける 2

かだん

花壇にある指示に従って色が塗ってあれば、正解です。

わける 3

せんたくもの

ズボン、Tシャツ、靴下、タオルの種類ごとに分けられていれば、正解です。

ズボン	Tシャツ	くつした	タオル
❷❺	❶❼	❹❻	❸

わける 4

おもちゃをかたづける

①積み木とブロック、トランプとかるた、ぬいぐるみに分けてあるか、②色ごとに分けてあれば正解です。

①の場合は、箱に「ブロック」「カードゲーム」「人形」などと書かれていたら正解です。②の場合は、「青」「白」「青とグレー」のように色名が書かれていたら正解です。

①

はこのなまえ ブロック	はこのなまえ カードゲーム	はこのなまえ にんぎょう
はいっているおもちゃ ❶❺	はいっているおもちゃ ❷❻	はいっているおもちゃ ❸❹

②

はこのなまえ あお	はこのなまえ しろ	はこのなまえ あおとグレー
はいっているおもちゃ ❶❺	はいっているおもちゃ ❸❹	はいっているおもちゃ ❷❻

わける 5

おやつをたべる

〔1〕「コップ、フォーク、皿」がセットになって、3人の席の前に1つずつ書かれていたら正解です。

〔2〕コップ3つ、フォーク3本、皿3枚に分けられていたら正解です。フォークは引き出しに、コップと皿は棚の上にあるとなおよいです。

〔3〕**テーブルに並べるときの解答例**：1人1つずつ使えるように並べる。
棚にしまうときの解答例：同じ種類で揃えてしまう。

18

ふでばこ

〔1〕①「短い鉛筆」「長い鉛筆」に分けて並べる、②模様別に分けて並べる方法などが考えられます。

〔2〕**同じ場合**：違う方法があるか、一緒に考えてみましょう。

違う場合：どのように考えたか、お互いの意見を聞き合いましょう。

①

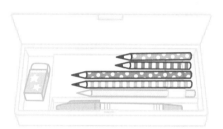

②

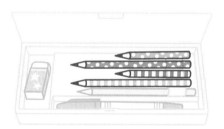

【こたえのヒント】

〔2〕の問題では、おうちのひとや友達との考えを聞いて、自分の考えと「おなじ」か「ちがう」を尋ねました。

同じであることも、違っていることも、どちらも「あるところから見れば」という視点が重要です。この問題で扱った鉛筆の場合は、「長さ」や「模様」、あるいは「色」が視点になります。

また、同じか違うかを判断する場合は、複数の視点から見直してみることが大切です。同じ視点の数が多いほど「似ている」「同じ」と感じます。「違う」という概念には、「ある視点から見て、これとこれが違う」だけではなく、「こちらにはあるが、そちらにはない」という違いもあります。

お子さんには、「何が同じ（または違う）？」のように、どの視点で同じ、あるいは違うと考えているのかを聞いてみてください。

ボタン

〔1〕①「穴が4つ」「穴が2つ」「穴が1つ」に分ける、②「青」「グレー」「白」に分ける、③「丸」「四角」「星形」に分ける方法などが考えられます。

〔2〕**同じ場合**：違う方法があるか、一緒に考えてみましょう。

違う場合：どのように考えたか、お互いの意見を聞き合いましょう。

①

| ❶❸❻ はこのなまえ あなが4つ | ❷❹❽❾ はこのなまえ あなが2つ | ❺❼ はこのなまえ あなが1つ |

②

| ❷❹❼❾ はこのなまえ あお | ❶❺❻ はこのなまえ グレー | ❸❽ はこのなまえ しろ |

③

| ❷❸❺❼❽ はこのなまえ まる | ❻❾ はこのなまえ しかく | ❶❹ はこのなまえ ほしがた |

くだものをくばる

〔1〕まず、それぞれの人が好きな果物を配り、その後苦手ではない果物を配ると、条件に合った配り方ができます。以下は、解答例です。

例

まいこ　つむぎ　ゆうき　あつし

〔2〕「まず好きな果物を配ってから、苦手な果物を避けて配る」など、分けた方法について自由に書いてください。

まちがえたって
だいじょうぶ！

みなさんは、自分で書いた手紙を読み返したことはありますか？

手紙を書くには、最初に何を書くかを考えてから、文を書きます。そして、「これで伝わるかな？」と読んで確認して、意味が伝わらないところがあったら書き直す。そうやって手紙を完成させたのではないでしょうか。

プログラミングも手紙と同じです。プログラミングはパソコンなどを使って、機械に手紙（プログラム）を書くことです。まずはプログラムを書いてみましょう。そして、試してみましょう。ちゃんと伝わらなかったら機械は動きません。それでもいいのです。間違えたって大丈夫。

最初から完ぺきにプログラムを書ける人はいません。「何を間違えたのかな？」と確かめて、書き直して、そしてまた動かしてみましょう。

何度もプログラムを書いて試し、修正することを繰り返しているうちに、いつか自分が動かしたい通りにプログラミングができるようになるでしょう。

（齊藤貴浩）

ならべる・
ならべかえる

このパートの　テーマは
「ならべる」「ならべかえる」です。
まいにちの　せいかつにも
やくだちますよ。

よういするもの

- えんぴつ
- いろえんぴつ
- けしごむ

せのじゅん

つぎの　どうぶつを　せの　たかい　じゅんばんに
ならべてみましょう。
いちばん　せの　たかい　どうぶつから　はじめて　じゅんばんに、
（　　　）のなかに　どうぶつの　なまえを　かいてください。

おうちのかたへ　何かを基準にして順番に並べてみることで、「比べて整理する思考」が育ちます。複数を一度に比べるのが難しいようでしたら、「まずはこれとこれを比べてみよう」と声がけしてみてください。

がつ　　　にち

きゅうしょく

わぁ、きょうの　きゅうしょくは　カレーだ！
ともだちと　おなじ　じゅんばんで　きゅうしょくを
トレイに　のせます。のせた　じゅんばんに　なるよう、
1から6の　すうじで　かきましょう。

ともだち

スプーン　フォーク　　カレーライス　　　サラダ　　　　りんご　　　ぎゅうにゅう

（　　　）

じぶんの かおを かいてみよう！

（　　　）

（　　　）

（　　　）

（　　　）

（　　　）

おうちのかたへ　お手本の手順をまねして、自分でも同じような手順で試してみることは、どのような学習においても大切なプロセスです。

トランプ

[1] トランプが バラバラに おかれています。ハート(♥)と ダイヤ(♦)に わけてから、それぞれ すうじの ちいさい ものから じゅんに ならべます。えで かいてみましょう。 かくときは マークと すうじだけ かいても いいですよ。

Aは1のことです

① ハート(♥)と ダイヤ(♦)に わけましょう。

ハート(♥)のカード　　　　　　　　　ダイヤ(♦)のカード

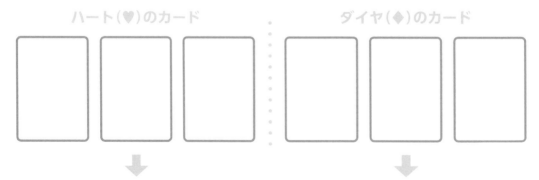

② すうじの ちいさい ものから じゅんに ならべましょう。

◀◀◀ちいさい ── おおきい▶▶▶　　　◀◀◀ちいさい ── おおきい▶▶▶

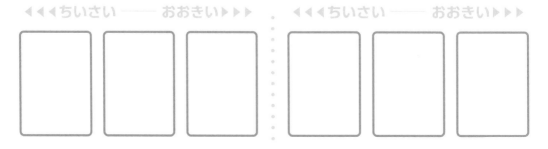

おうちのかたへ　分ける基準が複数組み合わさっている場合、まずどちらかの基準で分けてから、次に別の基準で並べてみるとやりやすくなることがあります。どういった順番がやりやすいか、お子さんと話してみてください。

[2] こんどは、すべての トランプを すうじの ちいさい
    ものから じゅんに ならべてから、ハート(♥)と
    ダイヤ(◆)に わけてみます。えで かいて みましょう。

① すうじの ちいさい ものから じゅんに ならべましょう。

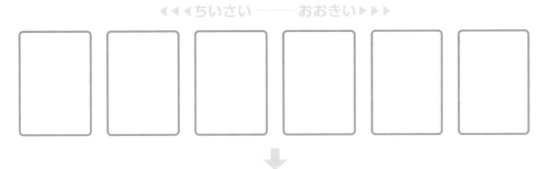

② ハート(♥)と ダイヤ(◆)に わけましょう。

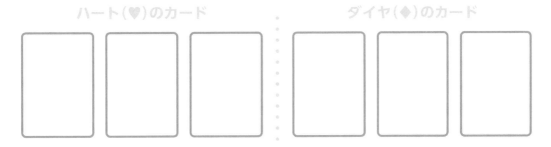

[3] [1]の ほうほうと [2]の ほうほうを くらべてみて、
    どちらが やりやすかったでしょうか？ また、
    やりやすかった りゆうを ことばで かいてみましょう。

● やりやすかったほうに まるを つけましょう。

     [1] のほうほう   [2] のほうほう

● その ほうほうが やりやすかった りゆうは なんですか？

がつ　　　にち

えんぴつ

いえに ある 4ほんの えんぴつを せいりします。
えんぴつの しんは、こいじゅんに 2B、B、HB、Hです。

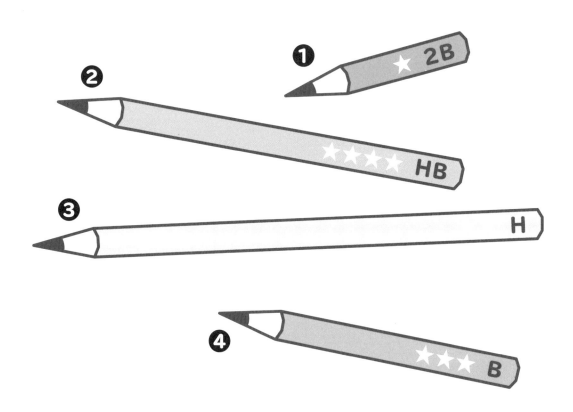

❶ ★ 2B

❷ ★★★★ HB

❸ H

❹ ★★★ B

[1] えんぴつを ながさの ながい ものから じゅんに
ならべて せいりします。どのような じゅんばんで
ならべると よいでしょうか？ じゅんばんを
かいてみましょう。

(　　　)➡(　　　)➡(　　　)➡(　　　)

26

［**2**］えんぴつを しんの こい ものから じゅんに ならべて
せいりすることに しました。どのような じゅんばんで
ならべかえると よいでしょうか。じゅんばんを
かいてみましょう。

（　　　　）➡（　　　　）➡（　　　　）➡（　　　　）

［**3**］ほかにも えんぴつを ならべなおすことが できる
ほうほうは ありますか？ もし、その ほうほうが
みつかったら したに かいてみましょう。えで かいても、
ことばで かいても いいですよ。

がつ　にち

モーニングルーティーン①

ここからは　おうちのひとや　ともだちの　ちからも　かりて
かんがえてみましょう。

モーニング
ルーティーンの
れい

ふくを
きがえる

はを
みがく

モーニングルーティーンは、
まいにち　あさ　おきてから　することの
じゅんばんのことです。

かみを
とかす

かおを
あらう

トイレに
いく

あさごはんを
たべる

[1] あなたが　あさ　おきて、いちばんに　することは　なんで
すか？　そのつぎは　なにを　しますか？　あさ　することの
じゅんばんを　かきだして　みましょう。

わたしの モーニングルーティーン

(　　　　　) (　　　　　) (　　　　　)

(　　　　　) (　　　　　) (　　　　　)

おうちのかたへ　朝の支度の順番は決まっていない場合もあると思いますので、もしお子さんが迷っているようなら、「今日はどの順番
だったかな？」と声がけしてみてください。おうちのかたの順番と比べるなどして、お子さんと会話してみましょう。

[2] おうちのひとや ともだちの モーニングルーティーンを
きいて かいてみましょう。

の モーニングルーティーン

(   ) (   ) (   )

(   ) (   ) (   )

[3] じぶんの モーニングルーティーンと おうちのひとや
ともだちの モーニングルーティーンを くらべて
みましょう。じゅんばんや することは おなじ？ それとも
ちがう？ どちらかを ○で かこみましょう。

おなじ ・ ちがう

[4] [1]と[2]をみて、じゅんばんを いれかえたら もっと
よくなる ところはありますか？
ことばで かいてみましょう。

スーパーマーケット

つぎの　もんだいは　すこし　むずかしいかも　しれませんが、
あきらめずに　かんがえてみましょう。

スーパーマーケットで　かいものを　しています。
これから　レジに　ならんで　かいけいを　します。
レジは　4だい　あり、ひとが　ならんでいます。
ふきだしの　なかの　すうじは、しなものの　かずです。

どのレジに　ならぶと　じゅんばんが　いちばん　はやく
くるでしょうか。また、どうして　そう　かんがえたのか、
ことばで　かいてみましょう。

● いちばん　じゅんばんが　はやく　くる　レジは？

● どうして　そう　かんがえましたか？

おうちのかたへ　客の人数だけではなく、品数にも注目することがポイントです。理解が難しいようでしたら、たくさん買い物をしたときは、会計が終わるまで時間がかかることなど、実際に買い物する際にお子さんに話してみてください。

ならべる・ならべかえる 1

せのじゅん

(キリン) ➡ (ゾウ) ➡ (ウマ) ➡ (ウサギ) ➡ (ネズミ)

背の高い動物から順に並んでいれば正解です。

ならべる・ならべかえる 2

きゅうしょく

カレーライス(3)　牛乳(6)　スプーン(1)
りんご(5)　フォーク(2)　サラダ(4)

友達がトレイに載せる順番と一致していれば、正解です。

ならべる・ならべかえる 3

トランプ

〔1〕 トランプをハートとダイヤに分けてかきます。
次に、それぞれを 小さい数字から並べてかいて
あれば、正解です。

①ハート(♥)と ダイヤ(♦)に わけましょう。

②すうじの ちいさい ものから じゅんに ならべましょう。

〔2〕 まず、すべてのトランプを小さい数字から並べ
てかきます。次にハートをダイヤに分けながら、
小さい数字から順番にかいてあれば、正解です。

①すうじの ちいさい ものから じゅんに ならべましょう。

②ハート(♥)と ダイヤ(♦)に わけましょう。

〔3〕 お子さんによって、やりやすい方法が異なるか
もしれません。お子さんの考える理由が書いて
あればOKです。

※「トランプ」は和製英語で、英語圏ではplaying
cardsといいます。ちなみにtrumpは「切り札」の
ことです。また、「ダイヤ」は英語圏ではdiamond
といいます。

えんぴつ

〔1〕（ ③ ）➡（ ② ）➡（ ④ ）➡（ ① ）

鉛筆の長さが長いものから順に並んでいれば、正解です。

〔2〕（ ① ）➡（ ④ ）➡（ ② ）➡（ ③ ）

芯の濃さが濃い（やわらかい）ものから順に並んでいれば、正解です。

〔3〕**解答例**：

星の数を基準に並べ替える➡星の数が少ないものから多いものへ、あるいは星の数が多いものから少ないものへ、順に並べる方法が考えられます。

軸の色を基準に並べ替える➡軸の色が濃いものから薄いものへ、あるいは薄いものから濃いものへ、順に並べる方法が考えられます。

モーニングルーティーン①

〔1〕**解答例**：（ 家族におはようと言う ）➡（ トイレに行く ）➡（ 顔を洗う ）➡（ 朝ご飯を食べる ）➡（ 歯を磨く ）

朝、どんなことをするかを思い出しながら、行動を順番に並べてあれば〇Kです。

〔2〕おうちのかたや友達のモーニングルーティーンを聞き、書き取ります。

〔3〕〔1〕と〔2〕を見比べて、「おなじ」か「ちがう」のどちらかを〇で囲みます。

〔4〕順番を入れ替えたらスムーズに行動できそうなところがあるか、一緒に確認しながら、話し合います。

スーパーマーケット

以下は解答例です。

待っている人の数が少なくても、カゴの中の商品数が多ければそれだけ時間がかかります。

したがって、一般的には、それぞれのレジの「カゴの中の商品数」を 足した数が少ないほうが、早く順番が来ると考えられます 。

レジ１　３＋５＋２＝10
レジ２　２＋１＋１＋２＝6
レジ３　７＋１＝8
レジ４　４＋３＋４＝11

従って、一番早く順番が来るのはレジ２です。

しかし、実際には「レジ係の習熟度」「会計にかかる時間の速さ」「品物の重さ」「支払い方法」などが関係してきますので、例えばレジ２が一番遅かったりする場合もあるでしょう。どんな条件が関わってくるかについて、スーパーマーケットでの経験も交えながら、お子さんと話してみてください。

※「レジ係」は英語圏ではcashier、「レジ（金銭登録器）」はcash registerといいます。

だいじなのは
あきらめない こころ

みなさんは、毎日、家や学校で、いろいろなことを学んています。そんな中、「これ、どうしたらいいのかな？」と思うことはありませんか？ 例えば、算数の問題を解いているとき、友達と話し合っているとき。

何か答えを出さないといけないとき、すんなり答えや正解が見つかればいいのですが、そうでないこともあります。なかなか正解にたどりつけないとき、皆さんはどうしますか？

最初からやり直しますか？ それとも、「できない」と諦めてしまいますか？

間違えたとき、皆さんにまずしてほしいことは「どこを間違ったかな？」と考えることです。そして、「ここを間違えた！」と気づいたら、そこを直して、もう一度解いてみましょう。もしかしたらそれでも正解できない場合もあるかもしれません。間違うと、誰だってあまりいい気持ちにはならないと思います。でも、そんなときも諦めずに、どこを間違えたかを考えてみてください。粘り強く考えることを繰り返していると、正解に近づいていきますよ。

(栗山直子)

パート
3

くりかえし

このパートのテーマは
「くりかえし」です。
いろいろなことの　じゅんじょのなかに
くりかえしを　みつけてみましょう。

おうちのかたへ

このパートでは、何度も同じことを繰り返す
ことを伝えたり記述したりするときに、表現
する方法を学びます。プログラミングでは
「ループ（繰り返し）」と呼び、とても大事な考
え方になります。

よういするもの

■ えんぴつ
■ いろえんぴつ
■ けしごむ
■ おりがみ
（あお、しろ）

かびん

[1] 2つの　かびんに　チューリップが　3ぼんずつ
はいっています。かびんに　さしてある　チューリップが、
それぞれ　あか　きいろ　ピンクに　なるように　いろを
ぬってみましょう。

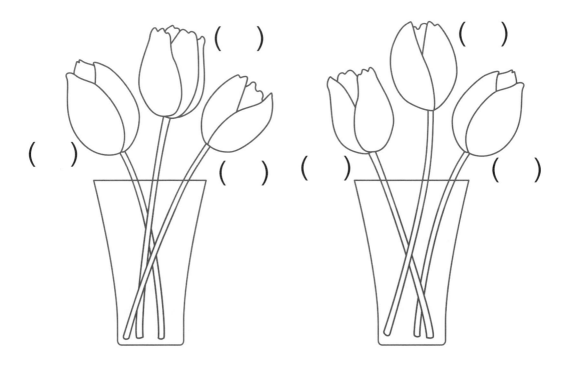

[2] いろを　どういう　じゅんばんで　ぬりましたか？
うえの　えの（　　）に　じぶんが　ぬった　じゅんばんを
1から6の　すうじで　かいてみましょう。

[3] いろ　えんぴつを　もちかえる　かいすうが　すくなくなる
ぬりかたを　かんがえてみましょう。（じぶんの　ぬりかたと
おなじ　けっかに　なるばあいも　ありますよ）

 おうちのかたへ　同じパターンが繰り返されることに、お子さんが自分で気づけるようになることを目的とした問題です。同じ色のもの
をまとめて塗ったほうが色鉛筆を持ち替える回数が少なくなります。

おかし①

ある きまった じゅんじょで おかしが ならんでいます。
（　　）に はいる おかしは なんでしょうか？

① チョコチップクッキー　 いちまつクッキー

⑦に はいる おかしは なんですか？　（　　　　　　　　　　）

② チョコレート　 ソフトクリーム

⑦に はいる おかしは なんですか？　（　　　　　　　　　　）

③ プリン　どらやき　カップケーキ

⑦に はいる おかしは なんですか？　（　　　　　　　　　）
⑨に はいる おかしは なんですか？　（　　　　　　　　　）

おかし②

ある　きまった　じゅんじょで　おかしが　ならんでいます。
くりかえされている　かたまりを　みつけて、せんで　かこんで
みましょう。また、せんで　かこんだ　かたまりが　なんかい
くりかえされているか　かぞえてみましょう。

①

くりかえしの　かいすう （　　　　　）かい

②

くりかえしの　かいすう （　　　　　）かい

③

くりかえしの　かいすう （　　　　　）かい

④

くりかえしの　かいすう （　　　　　）かい

おうちのかたへ　繰り返して並んでいるものが、どこで繰り返されているのかを考える問題です。線で囲むことで、繰り返すパターンとその回数を見つけます。

がつ　　　にち

くりかえしているかいすう

ある　きまった　じゅんじょで　ならんでいます。
くりかえしている　かいすうが　なんかいか　こたえましょう。

① ♡ ♡ ♡ ♡ ♡ ♡ ♡ ♡ ♡ ♡
　あお　　ピンク　みどり　きいろ　むらさき　あお　　ピンク　みどり　きいろ　むらさき

♡ ← いろえんぴつで　いろを
あお　　ぬりましょう！

くりかえしの　かいすう（　　　　）かい

② ♠ ♠ ♠ ♠ ♠ ♠ ♠ ♠
　あお　　ピンク　ピンク　あお　　あお　　ピンク　ピンク　あお

♠ ← いろえんぴつで　いろを
あお　　ぬりましょう！

くりかえしの　かいすう（　　　　）かい

③ **2　6　3　4　2　6　3　4　2　6　3　4**

くりかえしの　かいすう（　　　　）かい

④ ☺☺☺☺☺☺☺☺☺☺☺☺☺☺☺☺☺☺☺☺☺☺☺☺

くりかえしの　かいすう（　　　　）かい

⑤ ☺☺☺☺☺☺☺☺☺☺☺☺☺☺☺☺☺☺☺☺☺☺☺☺

くりかえしの　かいすう（　　　　）かい

おうちのかたへ　抽象度を上げた問題です。「繰り返しになっているものを線で囲んでみよう」などの声がけをしてあげてください。繰り返しのパターンを見つけるのがポイントです。

はたあげ①

 ロボットが みぎてに しろい はた、ひだりてに
あおい はたを もっています。

[1] つぎの ぶんしょうは うえの えの ⑦と⑦、どちらを
あらわしているでしょうか？

しろい はたを あげる	⇨	あおい はたを あげる	⇨	あおい はたを おろす	⇨	しろい はたを おろす

（　）

[2] つぎの ぶんしょうの うごきを じっさいに
やってみます。みぎてに しろい おりがみ、ひだりてに
あおい おりがみをもって うごかしましょう。

しろい はたを あげる	⇨	あおい はたを あげる	⇨	あおい はたを おろす	⇨	しろい はたを おろす

を 2かい くりかえす

たんじょうびパーティー

きょうは　たいきさんの　たんじょうびパーティーです。
ジュース、ドーナツ、ケーキを　1つずつ　くばります。

[1] どのようにして　みんなに　くばりますか？　テーブルに
　　かいて　みましょう。えでも　ことばでも　いいですよ。

[2] [1]で　あなたが　かんがえた　ほうほうは　どれでしょうか？
　　あてはまる　ほうほうに　○を　つけてください。

　　㋐ [ジュース、ドーナツ、ケーキ]をセットにして、
　　　4にんに　くばる。
　　㋑ ジュースを　4にんに　くばり、つぎに　ドーナツを
　　　4にんに　くばり、さいごに　ケーキを　4にんに　くばる。
　　　（ジュース、ドーナツ、ケーキの　じゅんばんは
　　　いれかわっても　いいですよ）
　　㋒ ㋐と㋑　いがいの　ほうほう

おうちのかたへ　「右手にドーナツ、左手にいちごのケーキを持って、同時に皿の上に配る」など、大人の想定以上の答えが出てくるかも
しれません。発想の豊かさをほめ、他にどんな方法があるか話し合ってみてください。

41

たまいれ

この　もんだいは、おうちのひとや　ともだちの　ちからも
かりて　かんがえてみましょう。

[1] たまいれを　します。これから　わたしは　たまを　3こ
なげます。すべての　たまを　なげるまでの　じぶんの
うごきを、じゅんばんに　ちゅういして　かきだしてみて
ください。

おうちのかたへ　同じ動きを繰り返して玉を入れていることに気づくこと、そしてそれを言葉で伝えることができることがこの問題のポイントです。

[2] あやこさんは「じぶんが たまを 3こ なげる うごき」を、
したのように かきました。くりかえしは なんかい
ありますか？ くりかえしの ぶぶんを せんで
かこんでみてください。

しゃがむ たまを1つひろう たつ たまをなげる

しゃがむ たまを1つひろう たつ たまをなげる

しゃがむ たまを1つひろう たつ たまをなげる

くりかえし（　　　）かい

[3] [2]のあやこさんの うごきを、おうちのひとや
ともだちに「3かい くりかえしてください」という
ことばを つかって つたえます。（　　）の なかに
あてはまる うごきを かいて、かんせいさせましょう。

（「　　　　　　」「　　　　　　　　　　」「　　　　　　」
「　　　　　　　　　」）という うごきを （　　）かい
くりかえしてください。

[4] [1]で かいた じぶんの うごきも、[3]と おなじように
「3かい くりかえしてください」という ことばを
つかって、こえに だして いってみましょう。

マスをすすめ！

この　もんだいは　すこし　むずかしいかも　しれないですが、
あきらめずに　かんがえてみましょう。

〔1〕ねこが　ゴールまで　すすみます。つぎの　じょうけんに
　　きをつけながら、ゴールまでの　みちじゅんを　かきこんで
　　ください。ほうほうは　たくさん　あるので、じぶんが
　　いいと　おもった　みちじゅんで　いいですよ。

| じょうけん | ・みぎ（➡）か　した（⬇）だけに　1マス　すすめます。
・みずいろの　マスを　かならず　とおります。 |

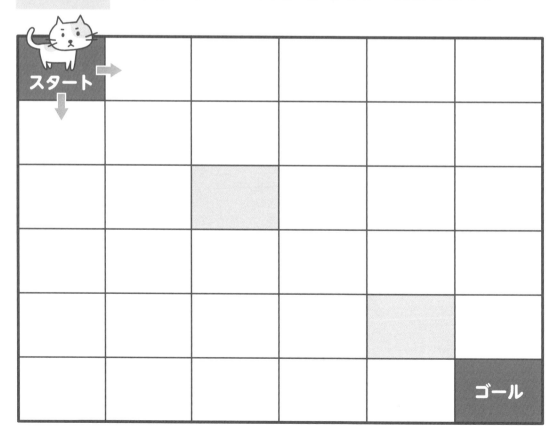

おうちのかたへ　この問題では、スタートからゴールまでの進み方を1手順ずつ書き出し、その後「繰り返す」を使ってまとめます。ゴールまでたどりつけない場合は、進ませ方のヒントを与えてください。

〔2〕〔1〕で マスに かきこんだ みちじゅんを、
かいてみましょう。また、くりかえしの ぶぶんを せんで
かこんでみてください。

れい　スタート　みぎ　みぎ　した　した　みぎ　みぎ
した　した　した　みぎ　ゴール

(　　　　　　　　　　　　　　　　　　　　　　　　　)

〔3〕〔2〕で かいた みちじゅんを、「〇かい くりかえす」
という ことばを つかって つたえます。
れいを さんこうに かいてみましょう。

れい　スタート　みぎを 2かい くりかえす　したを 2かい
くりかえす　みぎを 2かい くりかえす　したを 3かい
くりかえす　みぎ　ゴール

(　　　　　　　　　　　　　　　　　　　　　　　　　)

〔4〕〔2〕と 〔3〕を じゅんに よみあげます。おうちのひとや
ともだちと いっしょに、それぞれ スタートから
ゴールまで たどりつけるか、ゆびで マスを たどって
かくにんしましょう 。

〔5〕〔2〕と 〔3〕を くらべて どちらの しじが
わかりやすいか、おうちのひとや ともだちと
はなしてみてください。

こ　た　え

くりかえし 1

かびん

〔1〕両方の花瓶に差してあるチューリップの色が、それぞれ赤、黄色、ピンクに塗られていれば正解です。

〔2〕どのような順番でも、お子さんが塗った順番に書いてあれば正解です。

〔3〕「右と左のチューリップを赤で塗る → 右と左のチューリップを黄色で塗る → 右と左のチューリップをピンクで塗る」(赤、黄色、ピンクは順不同)とすれば、色鉛筆を持ち替える回数は 2 回で済みます。

くりかえし 2

おかし①

①いちまつクッキー　②ソフトクリーム
③⑦カップケーキ、⑤プリン

くりかえし 3

おかし②

①3回　②4回　③4回　④4回

①

②

③

④

くりかえし 4

くりかえしているかいすう

①2回　②2回　③3回　④8回　⑤4回

①

②

③

④

⑤

くりかえし 5

はたあげ①

〔1〕⑦が正解です。2コマ目までは同じですが、3コマ目、4コマ目に注意しましょう。

〔2〕〔1〕の内容を「2回繰り返す」のがポイントです。手を動かして確認してみましょう。

46

たんじょうびパーティー

〔1〕以下は解答例です。

〔2〕〔1〕で考えた方法に○をつけます。どの答えでも正解です。

たまいれ

〔1〕「玉を探す」「しゃがむ」「玉を拾う」「玉を持つ」「玉を持って立つ」「玉を投げる」など、書いた順番に動作してみて玉入れができれば、どんな書き方でも正解です。ここでは、まず自分で書き出してみて、手順を考えてもらうことが大切です。

〔2〕 しゃがむ たまを 1 つひろう たつ たまをなげる
　　 しゃがむ たまを 1 つひろう たつ たまをなげる
　　 しゃがむ たまを 1 つひろう たつ たまをなげる
　　 くりかえし（ 3 ）かい

〔3〕（「しゃがむ」「たまを 1 つひろう」「たつ」「たまをなげる」）という うごきを（ 3 ）かい くりかえしてください。

〔4〕〔3〕と同じパターンで言えたらOKです。

マスをすすめ！

〔1〕以下は解答例です。

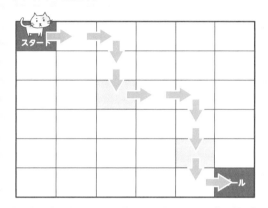

〔2〕例えば、〔1〕の解答例の場合は、以下のようになります。

　 スタート みぎ みぎ した した みぎ
　 みぎ した した した みぎ ゴール

〔3〕例えば、〔2〕の解答例は以下のような形で表現できます。

　 スタート みぎを 2かい くりかえす したを
　 2かい くりかえす みぎを 2かい くりかえす
　 したを 3かい くりかえす みぎ ゴール

〔4〕命令の通りに指をたどることで、スタートからゴールまでたどり着けるか、確認しましょう。

〔5〕「繰り返す」を使ってまとめることで、命令が分かりやすくなります。

47

スクラッチで
せかいのひとと つながろう

みなさんは、「スクラッチ (Scratch)」という言葉を聞いたことがありますか？

スクラッチは、アメリカのマサチューセッツ工科大学メディアラボが開発した、ゲームやアニメーションなど、コンピュータで作品をつくることができるプログラミング言語であり、作品を共有できるオンラインコミュニティです。

スクラッチでは、ブロックの形をした「コンピュータを動かす命令」を組み合わせることで、誰でも簡単にプログラムをつくることができます。

スクラッチでつくったプログラムは、スクラッチのウェブサイトを通じて、世界中の人と共有することができます。スクラッチは60以上の言葉に翻訳されているので、他の言葉でつくられたプログラムを日本語で見ることもできます。

スクラッチのウェブサイトでは、世界中の人たちが作った作品を参考にし、さらにアイデアを付け加えた新しい作品が次々と生み出されています。みなさんもぜひチャレンジしてみてください。

(森秀樹)

スクラッチ　ウェブサイト:https://scratch.mit.edu

ばあいわけ

この パートの テーマは 「ばあいわけ」です。
「こうなった ときには これを する」
「ああなった ときには ほかのことをする」
のように、ばあいに よって いろいろな
ことを してみましょう。

おうちのかたへ

場合分けは「条件分岐」ともいい、「もし○○ならば、△△する。でなければ××する。」のように、条件によって命令を変えるもので、プログラミングにおいて重要な部分です。小学校高学年でも難しく感じるお子さんがいるテーマですので、ここでは、パート1の「わける」と同じような題材を使うことで、「わける」の発展形として理解しやすく構成しました。

よういするもの

- えんぴつ
- いろえんぴつ
- けしごむ

おもちゃをわける

ベルトコンベアに のって、おもちゃが ひとつずつ
でてきます。1つめから じゅんばんに、「にんぎょう」「つみき」
「ゲーム」の どれかの はこに いれて いきましょう。

ながれる ほうこう

| にんぎょう | つみき | ゲーム |

1つめ （　　　　　）を（　　　　　）の はこに いれる
2つめ （　　　　　）を（　　　　　）の はこに いれる
3つめ （　　　　　）を（　　　　　）の はこに いれる
4つめ （　　　　　）を（　　　　　）の はこに いれる
5つめ （　　　　　）を（　　　　　）の はこに いれる

おうちのかたへ　わける4の「おもちゃをかたづける」とほとんど同じ課題ですが、順番におもちゃが流れてくることで、「○○のときには
この箱」のように、場合分けにフォーカスした課題となっています。

がつ　　　にち

ちずをすすむ

ヘンリーくんは したの ちずの スタートの ところに います。
ヘンリーくんを ➡(みぎ)、⬅(ひだり)、⬆(うえ)、⬇(した)の
やじるしを つかって、ゴールまで すすめてください。
ただし、いぬの いるところは とおれません。

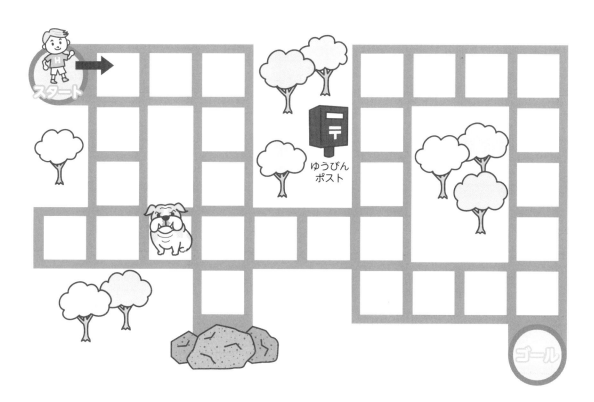

[1] ヘンリーくんが スタートから ゴールまで いきます。
　　あかえんぴつで、かいて ください。

[2] こんどは、ポストに よって てがみをだしてから
　　ゴールまで すすみましょう。あおえんぴつで かいて
　　ください。

カップケーキをくばる

きょうは　おうちに　ともだちが　たくさん　きました！
おやつの　カップケーキを　ひとり　1つずつ　くばります。
トレイに　のせて　もっていきましょう。
トレイの　うえには　カップケーキを
3つまで　のせられます。
トレイの　うえに　カップケーキを　のせたら、
トレイを　テーブルに　もっていきます。
たべるひと　ぜんいんに　カップケーキを
くばったら　おしまいです。

[1] カップケーキが　5つ　あります。なるべく　すくない
　　かいすうで　もっていきたいと　おもいます。

　　① さいしょの　トレイには、カップケーキを　いくつ
　　　のせますか？　えを　かいてみても　いいですよ。

　　　　　　　　　　　　　　　　　　　　（　　　）つ

　　② つぎの　トレイには　カップケーキを　いくつ
　　　のせますか？

　　　　　　　　　　　　　　　　　　　　（　　　）つ

おうちのかたへ　わける5の「おやつをたべる」と近いシチュエーションを扱った問題です。算数の問題のように解くのではなく、順番に、論理的に試していくことで、場合分けの基礎とすることを想定しています。

[2] カップケーキが 7こ あります。なるべく すくない
かいすうで もっていきたいと おもいます。なんかい
はこぶと、ぜんいんに くばることが できますか。
えを かいてみましょう。

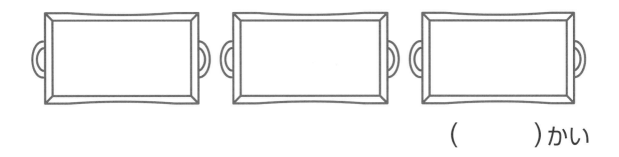

（　　　）かい

[3] トレイに カップケーキを 3こ のせて 2かい
はこびました。つぎに、トレイに カップケーキを 2こ
のせて はこんで、みんなに くばることが できました。

① カップケーキを たべる ひとは なんにん
いましたか？

（　　　）にん

② このとき、カップケーキは 10こ かってきていました。
あまった カップケーキを れいぞうこに いれます。
いくつ れいぞうこに いれましたか？

（　　　）こ

③ のこった カップケーキは どうしましょうか？
じゆうに かんがえてみましょう。

カードをひいてすすもう

ねこが スタートから ゴールまで すすみます。
みぎ ひだり うえ した の カードがあります。

じょうけん

- みぎ は みぎに、ひだり は ひだりに、うえ は うえに、した は したに、それぞれ 1マス すすめます。

- あおの マスを とおると、そのあとは、カード 1まいで 2マス すすみます。

- 「かべに ぶつかった とき」と「くろの マスを とおったとき」は、スタートに もどり、あおの マスの こうかも なくなります。そして、つぎの カードの めいれいに したがって、ゴールを めざします。

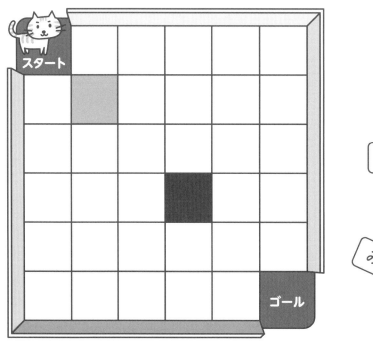

おうちのかたへ 「青を通ると動ける距離が2倍になる」「黒を通るとスタートに戻る」のように、ルールを使って課題を解決していきます。「○○すると△△する」「もしも○○なら△△する」は、まさに場合分けの典型例です。

[1] つぎの ように カードを ひいたとき、ねこは どこに
いるでしょうか？ それぞれ、ねこが いる ばしょを、
マスに かいて ください。

① スタート した した した みぎ

ねこの いる ばしょに ☆を かいてください。

② スタート した した した みぎ うえ した みぎ

ねこの いる ばしょに ♥を かいてください。

[2] つぎの ように カードを ひいたとき、ねこは どこに
いるでしょうか？ それぞれ、ねこが いる ばしょを、
マスに かいて ください。あおの マスと くろの マスの
じょうけんに ちゅういしましょう。

① スタート した みぎ した みぎ みぎ

ねこの いる ばしょに ◎を かいてください。

② スタート みぎ した みぎ みぎ した した

ねこの いる ばしょに ○を かいてください。

[3] つぎの ①、②のうち、ゴールに とうちゃくするのは
どちらですか？ あてはまる ものに ○を つけましょう。

① スタート した みぎ した みぎ した みぎ した した
みぎ みぎ

② スタート した みぎ みぎ みぎ した

55

じかんわり

したの　ずは、アントニーさんの　クラスの　じかんわりです。

	げつようび	かようび	すいようび	もくようび	きんようび
1 じかんめ	こくご	さんすう	こくご	さんすう	こくご
2 じかんめ	さんすう	たいいく	がっきゅうかつどう	せいかつ	さんすう
3 じかんめ	こくご	ずがこうさく	たいいく	こくご（としょ）	たいいく
4 じかんめ	こくご	ずがこうさく	せいかつ	こくご	どうとく
5 じかんめ	たいいく	こくご	こくご	おんがく	こくご
ひつような きょうかしょや どうぐ	●ふでばこ ●れんらくちょう	●ふでばこ ●れんらくちょう	●ふでばこ ●れんらくちょう	●ふでばこ ●れんらくちょう	●ふでばこ ●れんらくちょう

おうちのかたへ　「時間割に〇〇の教科があるから、△△を持っていく」のも、場合分けといえます。これができるようになると、自分で準備しても、忘れ物をしないようになるのではないでしょうか。

[1] それぞれの ようびに ひつような きょうかしょや
どうぐを、じかんわりの いちばん したの わくに
①から⑥の すうじで かいてください。

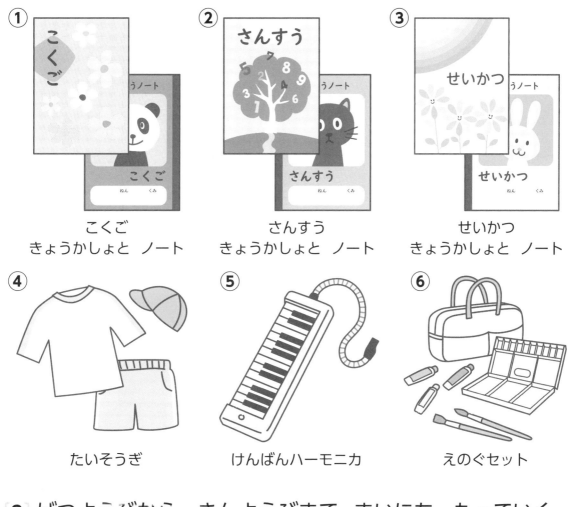

① こくご
きょうかしょと ノート

② さんすう
きょうかしょと ノート

③ せいかつ
きょうかしょと ノート

④ たいそうぎ

⑤ けんばんハーモニカ

⑥ えのぐセット

[2] げつようびから きんようびまで、まいにち もっていく
ものは どれですか？

(   )

[3] さんすうの きょうかしょを もって いかない ようびは、
なんようびですか？

(   )

やすみのけいかく

やすみのひに　なにをするか　かぞくで　けいかくを
たてています。あいている　⑦から　⑨には、じぶんの
やりたいことを　じゆうに　かいてください。

①どうぶつえんに　いく

②やまで　キャンプ

③プールで　およぐ

④こうえんで　あそぶ

⑤ショッピングセンターで
　かいもの

⑥いえで　プログラミング

（⑦　　　　　　　　）（⑧　　　　　　　　）（⑨　　　　　　　　）

　おうちのかたへ　季節や天候などの条件によって遊び方が変わることを通じて、場合分けの概念を理解する問題です。正解はない問題なので、理由を話し合いながら、お子さんと楽しい計画を立ててみてください。

つぎのような ときには なにを するのが いいと
おもいますか？ ①から⑨の なかから えらびましょう。
おうちのひとと いけんを だしあうのも いいですね。

〔1〕はるです。あしたは はれそうです。

　　　なにをする？　（　　　　　　　　　　　　　　　　）

　　　どうして そう かんがえましたか？

〔2〕なつです。あしたは とても いい てんきに なりそうです。

　　　なにをする？　（　　　　　　　　　　　　　　　　）

　　　どうして そう かんがえましたか？

〔3〕あきです。あしたは はれそうです。でも、とおくには
　　いけません。

　　　なにをする？　（　　　　　　　　　　　　　　　　）

　　　どうして そう かんがえましたか？

〔4〕ふゆです。あしたは ゆきに なりそうです。

　　　なにをする？　（　　　　　　　　　　　　　　　　）

　　　どうして そう かんがえましたか？

ばあいわけ 1

おもちゃをわける

1つめ（ カード ）を（ ゲーム ）の はこに いれる

2つめ（ にんぎょう ）を（ にんぎょう ）の はこに いれる

3つめ（ つみき ）を（ つみき ）の はこに いれる

4つめ（ つみき ）を（ つみき ）の はこに いれる

5つめ（ オセロ ）を（ ゲーム ）の はこに いれる

【こたえのヒント】

ここではカード（トランプ）やオセロをゲームとして分類していますが、お子さんが違う箱に入れたときには、その理由を聞いてみてください。箱の種類を変えると、いろいろな分類ができます。

ばあいわけ 2

ちずをすすむ

〔1〕下記は解答例です。スタートからゴールまでたどり着けていれば正解です。

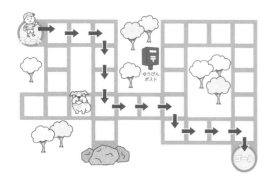

〔1〕を声に出していう場合の解答例

例1：右、右、右、下、下、下、右、右、右、下、右、右、右、下

例2：右に3つ、下に3つ、右に3つ、下に1つ、右に3つ、下に1つ

例3：右に行って、ぶつかったら下に行って、交差点に出たら右に行って、ぶつかったら下に行って、角を右に進んで、ぶつかったら下に行ってゴール。

〔2〕下記は解答例です。スタートからゴールまでたどり着けていれば正解です。

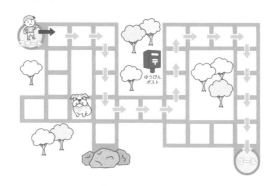

〔2〕を声に出していう場合の解答例

例1：右、右、右、下、下、下、右、右、右、上、上、上、右、右、右、下、下、下、下、下

例2：右に3つ、下に3つ、右に3つ、上に3つ、右に3つ、下に5つ

例3：右に行って、ぶつかったら下に行って、交差点に出たら右に行って、ぶつかったら上に行って、左にポストが見えたらポストに寄って、上に行って、ぶつかったら右に進んで、角を曲がって下に進んでゴール。

【こたえのヒント】

この本では、地図を上から見て、上、下、右、左という捉え方をしています。本人が地図の中に入り、自分で実際に進んでいると想定した方向で、右、左（上下はありません）という見方もできますが、もう一つ上の能力を必要とします。無理に直す必要はありませんが、すごろくのように地図を上から見た場合であることに注意してください。

ばあいわけ 3

カップケーキをくばる

〔1〕「なるべく少ない方法で持って行きたい」と言っているので、2回で持って行きます。

① 3つ または 2つ

②①を3つと答えた場合は2つ、①を2つと答えた場合は3つ

〔2〕「なるべく少ない回数で持っていきたい」ので、3回となります。以下のどの組み合わせでも正解です。

（3こ、3こ、1こ）（3こ、2こ、2こ）（2こ、3こ、2こ）（2こ、2こ、3こ）（1こ、3こ、3こ）（3こ、1こ、3こ）

〔3〕① 8にん

② 2こ

③ 正解はありませんので、お子さんと自由に話し合ってください。お父さん、お母さん、おばあちゃん、おじいちゃんなど、誰かと分けてもいいですね。また、自分は1つ食べたから、残った2つは他の人に食べてもらうのも良いでしょう。
遊びに来た友達が8人いるので、2つのカップケーキをそれぞれ4等分して、全員で分けるというのも1つの案です。

ばあいわけ 4

カードをひいてすすもう

〔1〕①図の中の☆のマス　②図の中の♥のマス

〔2〕①図の中の◎のマス　②図の中の○のマス

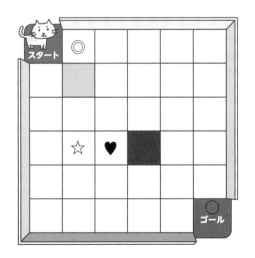

〔3〕①がゴールに到着します。

ばあいわけ 5

じかんわり

〔1〕

	げつようび	かようび	すいようび	もくようび	きんようび
1 じかんめ	こくご	さんすう	こくご	さんすう	こくご
2 じかんめ	さんすう	たいいく	がっきゅうかつどう	せいかつ	さんすう
3 じかんめ	こくご	ずがこうさく	たいいく	こくご（としょ）	たいいく
4 じかんめ	こくご	ずがこうさく	せいかつ	こくご	どうとく
5 じかんめ	たいいく	こくご	こくご	おんがく	こくご
ひつようなきょうかしょやどうぐ	●ふでばこ ●れんらくちょう ①② ④	●ふでばこ ●れんらくちょう ②④ ⑥①	●ふでばこ ●れんらくちょう ①④ ③	●ふでばこ ●れんらくちょう ②③ ①⑤	●ふでばこ ●れんらくちょう ①② ④

【こたえのヒント】

数字の順番は、時間割の順番にしています。国語や図画工作は同じ曜日に2時間ある場合がありますが、教科書とノートの組み合わせは1つしかないので、数字も1つだけにしています。

お子さんの学年などによっては、必要な教科書や道具が違う場合もあると思います。その場合は、自分が実際に用意するものを書き込んでもよいですね。

〔2〕すべての欄に①が入っているので、正解は「国語の教科書とノート」。「筆箱と連絡帳」を加えてもOKです。

〔3〕水曜日の欄に②がないので、「水曜日」。

やすみのけいかく

この問題には、絶対の正解はありません。例えば、雨が降れば空いているだろうと予測して、動物園に行くことはあるでしょうし、冬であっても、温水プールであれば泳ぐことができます。お子さんがどのように考えて、どう判断したかを話し合ってください。お子さんが書いた枠の活動については、おうちのかたが判断してください。

解答例（「どうして　そう　かんがえましたか？」については省略）

〔1〕なにをする？→ ①動物園に行く、④公園で遊ぶ

〔2〕なにをする？→ ①動物園に行く、②山でキャンプ、③プールで泳ぐ、④公園で遊ぶ

〔3〕なにをする？→ ④公園で遊ぶ

〔4〕なにをする？→ ⑤ショッピングセンターで買い物、⑥家でプログラミング

パート 5

ためす・
たしかめる

このパートのテーマは
「ためす」「たしかめる」です。
ためすことで、いろんな ほうほうを
みつけてみましょう。

よういするもの

- えんぴつ
- けしごむ

おうちのかたへ

パート 5 では、条件に合っているか試したり、条件どおりに一連の動きをしているか確かめたりします。プログラミングが終わったら、実行して確かめることが大切になります。一度で終わらせず、別のやり方や答えがないかも試してみましょう。

がつ　　にち

できたよ！

どうぶつをならべる

イヌ、ネコ、クマ、ニワトリがならんでいます。
どんな　じゅんばんで　ならんで　いるでしょうか。

イヌ　　　　ネコ　　　　クマ　　　　ニワトリ

つぎの　じょうけん　に　きをつけながら、ひだりから　みぎへ
ならべるように、かいてみましょう。
こたえは　いくつも　あるので、じぶんが　いいと　おもった
じゅんばんで　いいですよ。
また、かいた　こたえを　みて、じょうけんと　あっているか
たしかめましょう。

①
　じょうけん
　　　・クマの　となりに、イヌが　います。
　　　・イヌの　となりに、ネコが　います。

（　　　　　　　　　　　　　　　　　　　　　）

②
　じょうけん
　　　・ニワトリの　となりに、ネコは　いません。
　　　・クマの　となりに、ニワトリが　います。

（　　　　　　　　　　　　　　　　　　　　　）

おうちのかたへ　2つの条件から全体の状況を考えて確かめます。答えは１つではありません。お子さんが回答をした後、「条件に合っているかな？」と聞いてみてください。

ことばをかんせいさせる

○に いろんな ひらがなを いれて いみの ある ことばを
かんせいさせましょう。どの ひらがなを いれると
いみの ある ことばに なったかな？ ちゃんと いみの ある
ことばに なっているか、たしかめましょう。

① か○

○に つぎの ひらがなを いれてみます。
あ　い　め　ぽ　さ　わ　ご　お

かんせいした ことば

(　　　　　　　　　　　　　　　　　　　　　　　)

② ○お

○に つぎの ひらがなを いれてみます。
あ　い　め　ぽ　さ　わ　ご　か

かんせいした ことば

(　　　　　　　　　　　　　　　　　　　　　　　)

③ かお○

○に つぎの ひらがなを いれてみます。
あ　い　め　ぽ　さ　わ　ご　り

かんせいした ことば

(　　　　　　　　　　　　　　　　　　　　　　　)

えをかいてみよう

つぎの　①と②の　ぶんしょうを　よみます。ぶんしょうの
とおり　えを　かいてみましょう。えを　かいたら、
ぶんしょうと　あっているか　たしかめましょう。

① しかくの　うえに、さんかくが　のっています。
　しかくの　なかに、まるが　はいっています。

② しかくの　なかに、しかくが　あります。
　なかの　しかくの　したに、まるがあります。

おうちのかたへ　言葉で伝えられたことを絵で表現してもらう問題です。おうちのかたが思い浮かべた絵と、お子さんがかいた絵が違う場合もあります。お子さんとどう考えたか、話し合ってみましょう。

あんごうひょう①

したの　あんごうひょうを　みてください。

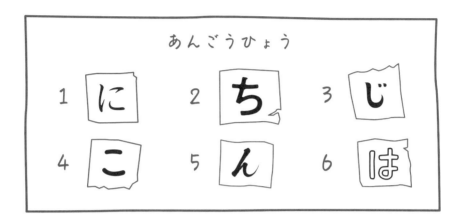

あんごうひょう

| 1 に | 2 ち | 3 じ |
| 4 こ | 5 ん | 6 は |

あんごうひょうを　みながら、1から6の　すうじを
ひらがなに　おきかえます。どんな　ことばに　なりましたか？
かんせいした　ことばを　かいてください。
また、かんせいした　ことばを、あんごうひょうを　みながら
すうじに　おきかえて、こたえが　あっているか
たしかめましょう。

① 13（　　　　　）　　② 64（　　　　　）

③ 654（　　　　　）　　④ 1535（　　　　　　）

⑤ 45126（　　　　　　）

おうちのかたへ　規則（暗号表）に基づいて、数字とひらがなの置き換えをして答えを導きます。お子さんが困っているようでしたら、「数字の下にひらがなを書いてみよう」と声がけしてみてください。

67

ぶんをかんせいさせる

(あ)、(い)、(う)から それぞれ 1つずつ ことばを えらんで ぶんを かんせいさせましょう。どんな くみあわせが できるかな？ いくつ かいても いいですよ。

(あ)		(い)		(う)
まひろさんは、		がっこうで		ごはんをつくった。
いぬは、	**+**	こうえんで	**+**	べんきょうした。
おとうさんは、		だいどころで		ねてしまった。
あかちゃんは、		おふろで		はしりまわった。

● おもいついた ぶんを かいてみましょう。

て、いくつぶん？

じぶんの　てを　つかって、みのまわりの　いろんな　ものの
ながさを　はかってみましょう。まず、てを　ひろげます。
みぎてでも、ひだりてでも、どちらでも　いいですよ。

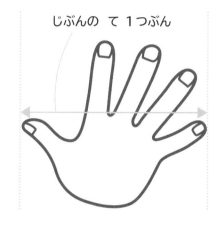

じぶんの　て　1つぶん

おやゆびと　こゆびを　ぐっと
のばした　ながさを
「じぶんの　て　1つぶん」と
よびます。みの　まわりの　もの
3つを、じぶんの　てを　つかって
ながさを　はかってみましょう。

	ながさを　はかった ものの　なまえ	よ　こ	た　て
れ い	ランドセル	じぶんの　て 2つぶん	じぶんの　て 3つぶん
1			
2			
3			

やじるしをならべる

はなさんが　スタートから　ゴールまで　すすみます。
つぎの　じょうけん　に　きをつけながら、ゴールまでの
みちじゅんを　やじるしで　かきこんでください。
ゴールまでの　みちじゅんは　たくさん　あるので、
じぶんが　いいと　おもった　みちじゅんで　いいですよ。

じょうけん
・➡(みぎ)、⬅(ひだり)、⬆(うえ)、⬇(した)に
すすむことが　できます。
・くろの　マスは　とおれません。

①

おうちのかたへ 条件に従ってマスをすすみます。お子さんが一人で解くのが難しい場合は、一緒に指でなぞってたどってみてください。
ゴールから逆にたどってみるのもいいですね。

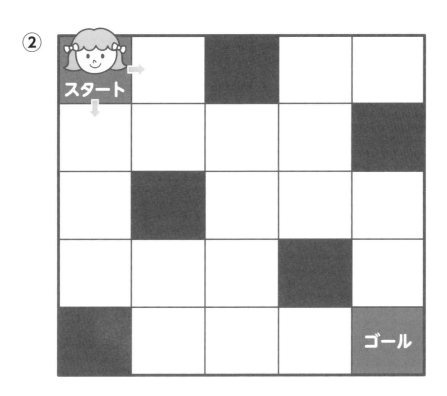

やじるしが すべて かけたら、ゆびで なぞって ゴールまで
たどりつけるか、たしかめましょう。 おうちの ひとや
ともだちと いっしょに たしかめても いいですね。

めいれいを かんがえる

この もんだいは すこし むずかしいかもしれないですが、
あきらめずに かんがえてみましょう。

(れい１)を みてください。うえから じゅんばんに、
「『こんにちは』と いう」の つぎに「てを ふる」という
めいれいを あらわしています。

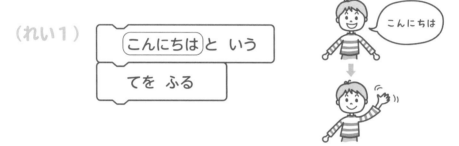

(れい１)
こんにちは

それでは もんだいです。
これから、ノートに 「る」を かきます。★と◎に いれる
ことばを かんがえて、めいれいを かんせいさせましょう。
めいれいが かんせいしたら、おうちのひとや ともだちに
めいれいの とおりに うごいて もらって、
たしかめてみましょう。

★ (　　　　　　　　　　　　　　　　　)

◎ (　　　　　　　　　　　　　　　　　)

72

おうちのかたへ　命令を考える問題です。ビジュアルプログラミング言語のスクラッチは、このようなブロックを組み合わせて命令をつくります。お子さんが解くのが難しそうなら、一緒に取り組んでみてください。

つぎに、(れい2)を みてください。「『おはよう』と いってか
ら すこし まつ」を 「2かい くりかえす」という めいれいを
あらわしています。

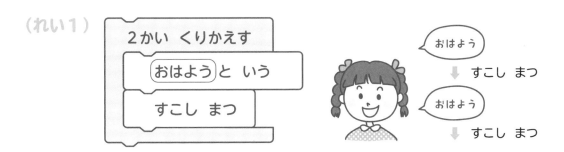

(れい1)　2かい くりかえす
　　　　　おはよう と いう
　　　　　すこし まつ

それでは もんだいです。
「1」と「2」に いれる ことばを かんがえて、じゆうに
めいれいを かんせいさせましょう。
めいれいが かんせいしたら、おうちのひとや ともだちに
めいれいの とおりに うごいて もらって、
たしかめてみましょう。

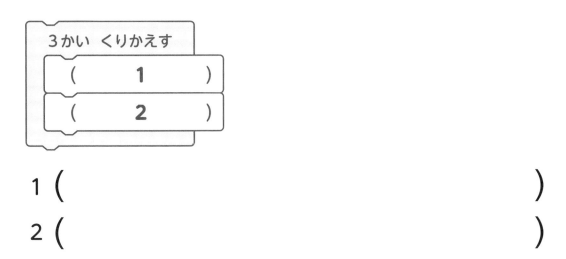

3かい くりかえす
（　　　1　　　）
（　　　2　　　）

1（　　　　　　　　　　　　　　　　　　）

2（　　　　　　　　　　　　　　　　　　）

ためす・たしかめる 1

どうぶつをならべる

① クマ、イヌ、ネコ、ニワトリ

ネコ、イヌ、クマ、ニワトリ

ニワトリ、ネコ、イヌ、クマ

など、たくさんの答えがあります。条件を満たしているかどうか、1つずつお子さんと確してみてください。

【こたえのヒント】

お子さんが迷っているようでしたら、1番目の条件を満たすように、最初に2つの動物を並べてから、2番目の条件を満たすように残りの2つの動物を並べるよう、うながしてみてください。

② イヌ、ニワトリ、クマ、ネコ

クマ、ニワトリ、イヌ、ネコ

ネコ、イヌ、クマ、ニワトリ

など、たくさんの答えがあります。条件を満たしているかどうか、1つずつお子さんと確認してみてください。

【こたえのヒント】

「ニワトリのとなりに、ネコはいません」という条件なので、この条件を満たす並べ方は、非常にたくさんのパターンが考えられます。まず2番目の条件を満たす並べ方を考えてから、1番目の条件を満たすように4つの動物を並べてみてもよいかもしれません。

ためす・たしかめる 2

ことばをかんせいさせる

① かい　かめ　かさ　かわ　かご　かお など

② あお　さお　かお など

③ かおり

ためす・たしかめる 3

えをかいてみよう

① 以下は解答例です。四角、丸、三角の大きさや角度、数を変えると、さまざまな絵ができあがります。

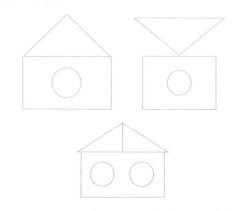

② 以下は解答例です。四角や丸の大きさや数を変えると、さまざまな絵ができあがります。

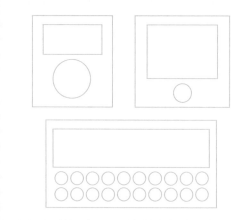

【こたえのヒント】

こたえにある絵を言葉で正確に伝えるにはどうしたらいいか、親子で一緒に考えてみるのもいいですね。

あんごうひょう①

①にじ　　②はこ　　③はんこ　　④にんじん

⑤こんにちは

【こたえのヒント】

ここでは6文字の暗号でしたが、暗号をさらに足してみたり、お子さんオリジナルの暗号表を作って問題を出してみたりするなど、応用して遊んでみるのもおすすめです。

ぶんをかんせいさせる

意味が一貫している（納得ができる）文が作れていれば正解です。以下は解答例です。他にもたくさんの文章ができますので、どんな意味になるのか想像しながら、お子さんと答え合わせをしてみてください。

　まひろさんは、がっこうで　べんきょうした。
　いぬは、こうえんで　はしりまわった。
　おとうさんは、だいどころで　ごはんをつくった。
　おとうさんは、こうえんで　ねてしまった。

て、いくつぶん？

測ったものの長さが正しかったか、お子さんと一緒に確認してみてください。

長さがちょうどにならない場合は、「じぶんの て 3つぶんとはんぶん」「じぶんの て 2つぶんと ゆび 2ほんぶん」など、お子さんに工夫をしてみることを、うながしてみてください。

お子さんの名前を単位にしても楽しいですね。
（例：3クリス、1れんた）

やじるしをならべる

①以下は解答例です。スタートからゴールまでたどり着けていれば正解です。

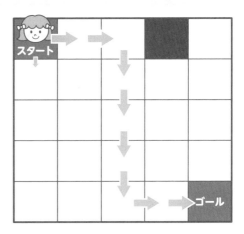

②以下は解答例です。スタートからゴールまでたどり着けていれば正解です。

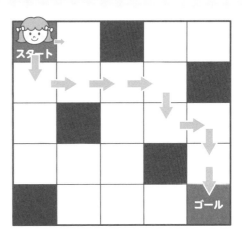

③以下は解答例です。スタートからゴールまでたど
　り着けていれば正解です。

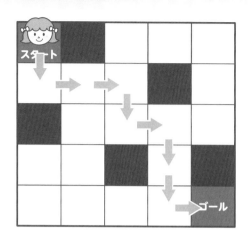

めいれいをかんがえる

以下は解答例です。

[ノートを　ひらく]に続けて

★　えんぴつを　もつ

◎　ノートに　「る」を　かく

1と2に入れる言葉

1…手を1回たたく、**2**…後ろを向く

1…鉛筆を持つ、**2**…線を引く

「1を実行した後に2を実行すること」を3回繰り返
す命令です。お子さんが思っていたような命令に
なっているか、確認してください。

思っていたような命令になっていない場合は、お子
さんの命令がうまくできていなかったか、あるいは
命令を実行した人が間違えてしまった可能性があり
ます。

パート
6

まちがいを
なおす

この　パートの　テーマは「まちがいをなおす」です。
じっさいの　プログラミングでも、
じぶんの　おもったとおりに　うごかないときは
どこが　まちがっているか　さがして　なおします。
どこを　なおせばいいか、かんがえてみましょう。

ようい するもの

- えんぴつ
- いろえんぴつ
- けしごむ
- おりがみ
  （あお、しろ）

おうちのかたへ

プログラミングでは、作ったプログラムを実行して
みて、思うように動かなかった場合には、間違った
箇所を見つけて直して、また実行するということを
繰り返します。これは「デバッグ」と呼ばれるもので
す。このパートでは、試行錯誤を体験できる問題に
チャレンジします。

ボタンをわける

ボタンが 9つ あります。りつさんが わけかたを
かんがえて トレイに おこうと しましたが、うまく
いかないようです。わけるのを てつだってみましょう。

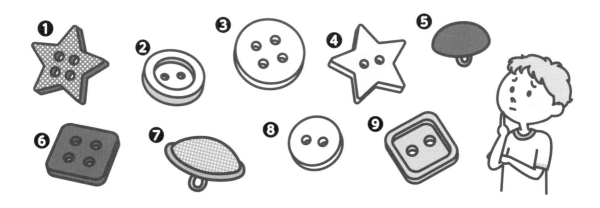

① 2つの トレイに わけます。トレイに かかれている
　 じょうけんに ちゅういして、どうすれば じょうけんの
　 とおりに わけられるか、かんがえてみましょう。

● ボタンを どのように うごかしましたか? ことばで かいてみましょう。
　 れい : ❷を「あおいろ いがいの ボタン」の トレイに うごかした。

② 3つの トレイに わけてみましたが、1つだけ まちがって おいたようです。どういう じょうけんで わけようと していましたか？ また、どのボタンを どこに おけば よいか、かんがえてみましょう。

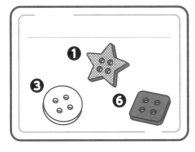  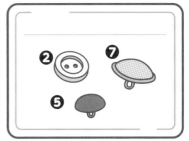

● じょうけんを それぞれの トレイに かいてください。また、ボタンを どのように うごかしましたか？ ことばで かいてみましょう。

③ 3つの トレイに わけてみましたが、2つ まちがって おいたようです。どういう じょうけんで わけようと していましたか？ また、どのボタンを どこに おけば よいか、かんがえてみましょう。

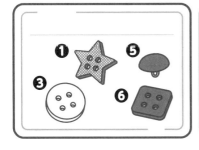 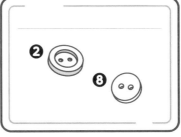 

● じょうけんを それぞれの トレイに かいてください。また、ボタンを どのように うごかしましたか？ ことばで かいてみましょう。

さいころ

さいころを　おいてみました。ある　きまった　じゅんじょで
おきましたが、ひとつだけ　さいころの　めを　まちがえて
しまったようです。どの　さいころを　なんの　めに　なおすと
いいでしょうか。ことばでも、えでも、どちらでも　いいですよ。

ヒント：くりかえしを　みつけるために　かたまりを　しかくで　かこむのも　いいですね。

① **じょうけん**　　2こずつ　くりかえしています。

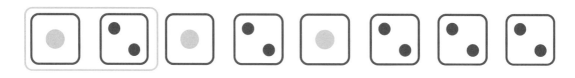

② **じょうけん**　　3こずつ　くりかえしています。

おうちのかたへ　「くりかえし」の理解を深めることを目的とした、間違いを見つける問題です。規則的に数字を囲んで、囲みの中が同じ
並び方（パターン）になっているか、確認してみましょう。

③ じょうけん　2こずつ　くりかえしています。

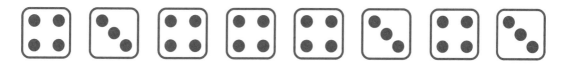

④ じょうけん　4こずつ　くりかえしています。しかし、
2こずつの　くりかえしには　なりません。

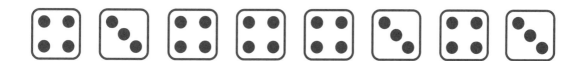

がつ　　にち

できたよ！

どのカード？

ねこが スタートから ゴールまで すすみます。
みぎ ひだり うえ した の カードがあります。

じょうけん

・ みぎ は みぎに、 ひだり は ひだりに、 うえ は うえに、
した は したに、それぞれ 1マス すすめます。

・ あおの マスを とおると、そのあとは、カード 1まいで
2マス すすみます。

・ 「かべに ぶつかった とき」 と 「くろの マスを
とおったとき」は、スタートに もどり、あおの マスの
こうかも なくなります。そして、つぎの カードの
めいれいに したがって、ゴールを めざします。

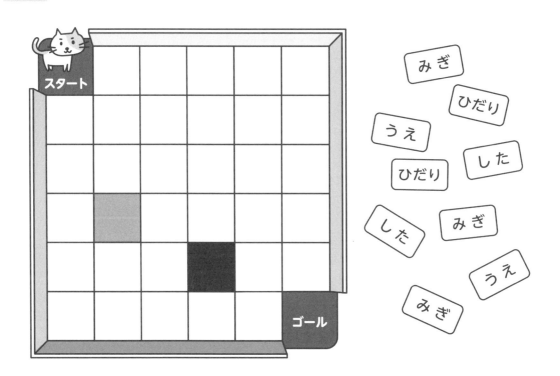

おうちのかたへ 「ゴールからも、さかのぼって書いてみよう」と声がけするなど、お子さんにヒントを出してみてください。100ページ
をコピーして、カードの部分を切り取って行うのもよいでしょう。

[1] つぎの ように カードを ひきました。あいている
ところに、どの カードが はいれば、ねこが ゴール
できますか？ マスの なかに あかえんぴつで かいて、
かんがえて みてください。また、どう かんがえて
こたえの カードを きめたか、いってみましょう。

スタート ｜ みぎ ｜ みぎ ｜ みぎ ｜ した ｜ 　 ｜ みぎ ｜ した ｜ した ｜
みぎ ｜ した

あいている ところに はいる カードは （　　　）

[2] つぎの ように カードを ひきました。どれか 1まいだけ
カードを かえると、ねこが ゴールできます。
かえる カードを あおえんぴつで かこんでください。
また、どう かんがえて こたえの カードを きめたか、
いってみましょう。

スタート ｜ した ｜ した ｜ みぎ ｜ みぎ ｜ みぎ ｜ した ｜ みぎ ｜ みぎ ｜
みぎ ｜ した

あおえんぴつで かこんだ カードを （　　　）にかえる

[3] いちばん すくない まいすうの カードで ゴールするに
は、どうしたら いいでしょうか。マスの なかに
みどりの いろえんぴつで かいてみましょう。
また、どう かんがえて こたえの カードを きめたか、
いってみましょう。

あんごうひょう②

まず、したの「まちがった　あんごうひょう」を　みてください。
ひらがなを　かいた　かみを　はっていきましたが、2つの
かみを　ぎゃくに　はってしまいました。

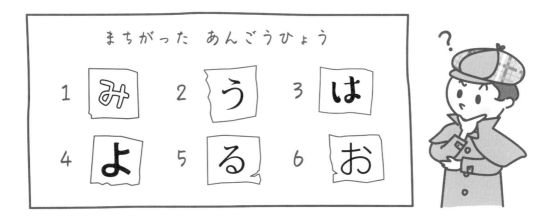

まちがった　あんごうひょう

1 み　　2 う　　3 は
4 よ　　5 る　　6 お

① **2 1**

「まちがった　あんごうひょう」で　ひらがなに　すると？

(　　　　　　　　　　　　　　　　　　　　　　)

いみの　ある　ことばに　なったかな？
どちらかに　○を　つけましょう。

[**いみの　ある　ことば** ・ **いみの　ない　ことば**]

おうちのかたへ　意味がある言葉になるにはどうすればいいかを考えて、正しい暗号表を完成させます。難しい場合は、「文字を入れ替えたら、正しく読めそうなものはあるかな」などのようにヒントを出してください。

② **６４**

「まちがった あんごうひょう」で ひらがなに すると？

（　　　　　　　　　　　　　　　　　　　　　　　　　）

いみの ある ことばに なったかな？
どちらかに ○を つけましょう。

[**いみの ある ことば** ・ **いみの ない ことば**]

② **３６４２**

「まちがった あんごうひょう」で ひらがなに すると？

（　　　　　　　　　　　　　　　　　　　　　　　　　）

いみの ある ことばに なったかな？
どちらかに ○を つけましょう。

[**いみの ある ことば** ・ **いみの ない ことば**]

「ただしい あんごうひょう」は どうなっているか
わかったかな？
したの 「ただしい あんごうひょう」を かんせいさせましょう。
ひらがなは「まちがった あんごうひょう」と おなじものを
つかいます。

ただしい あんごうひょう

1（　　） 2（　　） 3（　　）
4（　　） 5（　　） 6（　　）

はたあげ②

 ロボットが みぎてに しろい はた、ひだりてに
あおい はたを もっています。

[1] ⑦の めいれいを じゅんに かいてみました。しかし、
どこかが ちがって います。あおい おりがみと しろい
おりがみを もって、めいれいの とおりに うごかして
たしかめてみましょう。
えと おなじ うごきなら、めいれいの となりに ○を、
ちがう うごきなら ×を かいてください。また、×の
ばあいは、ただしい めいれいを かいてください。

おうちのかたへ　命令に沿って絵が並んでいるかを確かめ、間違っている場合は修正します。これを繰り返すことが「試行錯誤」で、プログラミング学習はもちろん、すべての学習にとても大事なプロセスです。

ロボットへの めいれい	➡ ○か ×か ➡	×の ばあい、ただしい めいれい
1 しろい はたを あげる		
2 あおい はたを あげる		
3 あおい はたを さげる		
4 あおい はたを あげる		

〔**2**〕こんどは、⑦の めいれいを じぶんで かいてみましょう。
かいたら、たしかめます。あおい おりがみと しろい
おりがみを もって、めいれいの とおりに うごかして
みましょう。

えと おなじ うごきなら、めいれいの となりに ○を
かきます。ちがう うごきなら ×を かいてください。
もし ×が あった ばあいは、ただしい めいれいを
かいてください。

ロボットへの めいれい	➡ ○か ×か ➡	×の ばあい、ただしい めいれい
1		
2		
3		
4		

モーニングルーティーン②

この　もんだいは　すこし　むずかしいので、おうちのひとと
いっしょに　といてみましょう。
モーニングルーティーンは、まいにち　あさ　おきてから
することの　じゅんばんの　ことですよ。しょうやさんの
モーニングルーティーンを　みてみましょう。

なにを　するか	かかった　じかん
かおを　あらう	2 ふん
トイレに　いく	3 ぷん
うさぎに　えさを　あげる	30ぷん
ふくを　きがえる	5 ふん
あさごはんを　たべる	3 ぷん
はを　みがく	5 ふん

おはよう

① しょうやさんの　モーニングルーティーンで　「もうすこし
　　じかんを　ながく　しても　いいな」と　おもった　ところは
　　ありますか？　ことばで　かいてみましょう。

おうちのかたへ　　しょうやさんのモーニングルーティーンが間違いというわけではありません。時間の概念は難しいので、時計の絵も
使ってください。朝の時間の使い方を話し合うことができたらいいですね。

② しょうやさんの モーニングルーティーンで「もうすこし
　 じかんを みじかく しても いいな」と おもった ところは
　 ありますか？ ことばで かいてみましょう。

③ しょうやさんの モーニングルーティーンを ヒントに、
　 じぶんの モーニングルーティーンを かいてみましょう。
　 どれに どれぐらい じかんを かけたら いいか、
　 かんがえてみましょう。
　 することを ふやしても いいですよ。

なにを するか	かかった じかん
(　　　　　　　　　　　)	ふん
(　　　　　　　　　　　)	ふん
(　　　　　　　　　　　)	ふん
(　　　　　　　　　　　)	ふん
(　　　　　　　　　　　)	ふん
(　　　　　　　　　　　)	ふん

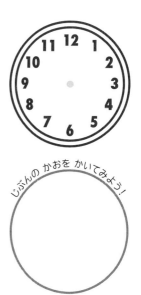

じぶんの かおを かいてみよう！

リズムあそび

[**1**] したの　えは、みなさんも　よく　しっている
「きらきらぼし」のリズムを　あらわした　カードを
ならべた　ものですが、どこかが　1つ　まちがっています。
まず、「タン　タン　タン　タン……」と　したの　えを
みながら　リズムを　くちに　だして　いってみましょう。
メロディに　のせて、「タン　タン　タン　タン……」と
うたってみても　いいですよ。

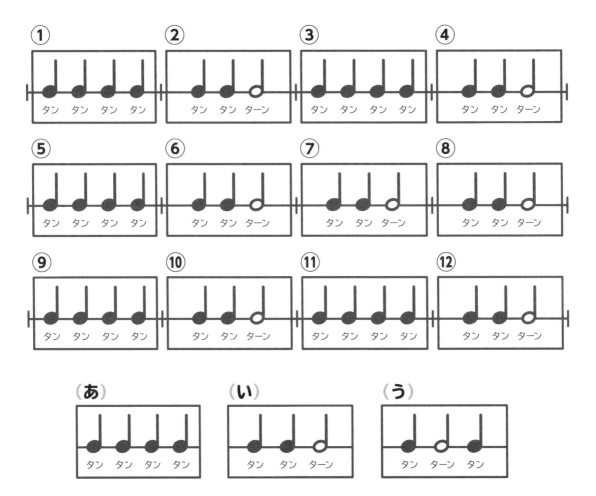

おうちのかたへ　「きらきらぼし」を歌いながら、手拍子してみてください。どこかおかしいリズムが見つかると思います。楽譜を書くことは「順番に音を鳴らすプログラミング」と考えることができます。

①から⑫の カードの うち、どの カードが まちがって
いるでしょうか。
また、その まちがっている カードを、（あ）（い）（う）の
どの カードに かえれば よいでしょうか。

まちがっている カード（　　　）　　かえる カード（　　　）

[2] したの えを みてください。「きらきらぼし」のリズムを
あらわした カードを、[1]とは ちがった かたちで
ならべてみました。こちらも どこかが 1つ まちがって
います。まず、「タン タン タン タン……」と したの えを
みながら リズムを くちに だして いってみましょう。

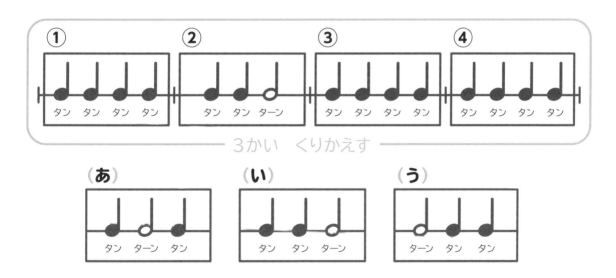

①から④の カードの うち、どの カードが まちがって
いるでしょうか。
また、その まちがっている カードを、（あ）（い）（う）の
どの カードに かえれば よいでしょうか。

まちがっている カード（　　　）　　かえる カード（　　　）

りょうり

[1] これから　たまごやきを　つくります。

つくる　じゅんばんを　かんがえて　みましたが、どこかが
まちがっているようです。どう　なおしたら、ちゃんと
たまごやきを　つくることが　できるでしょうか？

たまごやきのつくりかた

じゅんばんを　かんがえて、せんで　むすんでみましょう。

1　●　　　●　といた　たまごを　フライパンで　やく　

2　●　　　●　たまごを　わる　

3　●　　　●　わった　たまごに　しおを　いれる　

4　●　　　●　たまごを　かきまぜて　とく　

5　●　　　●　フライパンを　ひに　かける　

6　●　　　●　フライパンに　あぶらを　ひく　

おうちのかたへ　一緒にレシピの順番を確認しながら、実際に料理をしても楽しいですね。ぜひ、お子さんと一緒に実際に作ってみて、手順の比較などをしてみてください。

[2] これから バターを ぬった トーストを つくります。
つくる じゅんばんを かんがえて みましたが、どこかが
まちがっているようです。どう なおしたら、ちゃんと
バターを ぬった トーストを つくることが
できるでしょうか？

みちをまちがえた！

みぎの　ちずを　みてください。これは、ゆいこさんの　いえの
ちかくの　ちずです。

きょうは　ちゅうがっこうで　なつまつりが　あります。
ゆいこさんは、あそびに　きていた　おじいさんと　いっしょに
いくことにしました。おかあさんに　ちゅうがっこうへの
いきかたを　きくと、おかあさんは　つぎのように
おしえてくれました。

> いえを　でて、みぎに　まっすぐ　いってね。
> もりと　しんごうが　ある　こうさてんを　ひだりに　まがるよ。
> まがったら、まっすぐ　すすんでね。
> ほんとうは、このまま　まっすぐ　いけば　ちゅうがっこう
> なのだけど、いま　こうじを　していて、とおれないの。
> だから、こうじの　ところまで　きたら、みぎに　まがってね。
> まがったら　まっすぐ　すすんで、コンビニエンスストアがある
> こうさてんを　ひだりに　まがってね。
> しばらく　まっすぐ　すすむと、ポストが　あるから、
> そこで　ひだりに　まがるよ。まがったら
> まっすぐ　すすむと、ちゅうがっこうが　あるよ。

（おうちのかたへ）　この問題は、今までと異なり、自分が地図の中に入って右、左、前、後ろと判断をする設定になっています。何か目印を
見つけて、そこまで来たら方向転換することなど、必要に応じて助言してみてください。

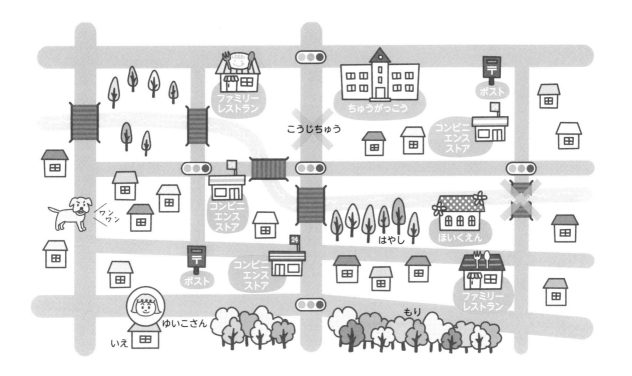

ゆいこさんと　おじいさんは　おかあさんの　おしえてくれた
とおり　あるいた　つもりでしたが、ついたのは
ほいくえんでした。
ゆいこさんたちは　どうやって　ほいくえんに　ついたでしょうか。

[1] おかあさんが　おしえてくれた　みちじゅんを
　　あかえんぴつで　かいてみましょう。

[2] ゆいこさんたちは　どこかで　みちを　1かい　まちがえた
　　ようです。どこで　どう　まちがえたでしょうか。

[3] ゆいこさんたちは　どのような　みちじゅんで　ほいくえんに
　　ついたでしょうか。みちじゅんを　かんがえて、
　　あおえんぴつで　かいてみましょう。

まちがいをなおす 1

ボタンをわける

① ❽を「あおいろ いがいの ボタン」のトレイに うごかした。

❼を「あおいろの ボタン」のトレイに うごかした。

②

❷を「ボタンの あなが 2つ」の トレイに うごかした。

【こたえのヒント】
「ボタンの あなが 2つ」の記述は、「あなが 2つ」など、書き方が違っても、意味が合っていれば正解です。

③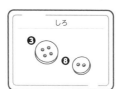

❸を「しろ」の トレイへ、❷を「あお」の トレイへ うごかした。

【こたえのヒント】
「しろ」「グレー」「あお」の記述は、書き方が違っても、意味が合っていれば正解です。

まちがいをなおす 2

さいころ

① 右から数えて 2つ目の「2」の目を「1」の目にする。

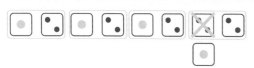

② 一番左の「3」の目を「5」の目にする。

③ 左から数えて 4つ目の「4」の目を「3」の目にする。

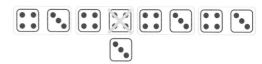

④ 一番右の「3」の目を「4」の目にする。

まちがいをなおす 3

どのカード？

〔1〕あいている ところに はいる カードは（した）

【こたえのヒント】
スタートからどのように進むか考えましょう。ゴールから逆にたどると、下向きであることが分かります。また、問題文の□の中に、右、左、上、下を入れてみて、どこにいくだろう？と試してみるのも一つの手です。

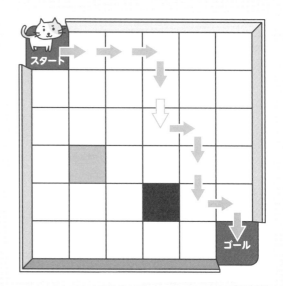

96

〔2〕答えは2つあります。

答え1 （ 最後から2つ目／最初から9つ目 ）の
　　　　 [みぎ] のカードを　（ した ）にかえる。

答え2 （ 最後から3つ目／最初から8つ目 ）の
　　　　 [みぎ] のカードを　（ した ）にかえる。

【こたえのヒント】

回答を導く1つの方法は、すべての場合を確かめる
ことです。しかし、それだと大変ですので、だいた
いの予想をしましょう。

提示されたカードの通りに進めてみると、ゴールで
きずに右上にずれてしまっています。そのため、「み
ぎ」のいずれかのカードを1つ「した」のカードにすれ
ば、ゴールに到着できるでしょう。

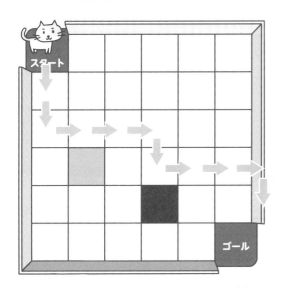

最後から2枚目のカードの「みぎ」を「した」にするか、
最後から3枚目のカードの「みぎ」を「した」にして試
してみると、ゴールに到着できます。

もしも、最後から4枚目のカードの「みぎ」を「した」に
すると、黒いマスに入ってしまいます。つまり、ス
タートに戻されてしまうので、それからはどうやっ
てもゴールには到着できません。最後から6枚目の
カードの「みぎ」も同じです。

また、最後から7枚目のカードの「みぎ」を「した」に
すると、今度は青いマスに入るので、2マスずつ進
み、そして黒いマスに入ってしまいます。最後から
8枚目のカードも同じです。

差し替えるカードは「ひだり」も「うえ」もありますの
で、いろいろな可能性がありますが、場合分けを考
えていくと、これしか到着する方法はないようです。

〔3〕ゴールまで到着できる、一番少ないカードの枚
　　　数は「7枚」で、下の図の通りです。

例： 「みぎ」、「した」、「した」、「した」、「みぎ」、「みぎ」、
　　　　「した」

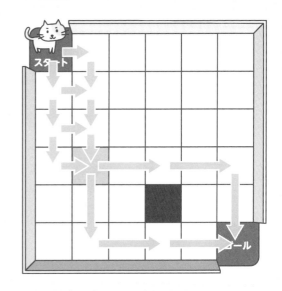

【こたえのヒント】

一番少ない枚数のカードで到着するためには、青い
マスを有効に使わなければなりません。①一番早く
青いマスに到達し、なおかつ黒いマスに入らないよ
うにゴールを目指すということ、そして、②「うえ」
や「ひだり」のカードを使うと遠回りになりますの
で、使わないという戦略を立てるといいでしょう。

最初の青いマスに行くまでにどこで右に行くかで4
通り、青いマスに到着してからは、右に行くか下に
行くかで2通りありますので、全部で4×2＝8通
りの行き方があり、どれもカードは7枚です。

あんごうひょう②

①うみ／いみの　ある　ことば
②およ／いみの　ない　ことば
③はおよう／いみの　ない　ことば

```
        ただしい　あんごうひょう
  1（ み ）　 2（ う ）　 3（ お ）
  4（ よ ）　 5（ る ）　 6（ は ）
```

はたあげ②

〔1〕

ロボットへの めいれい	➡ ○か ×か	➡ ×の　ばあい、 ただしい　めいれい
1 しろい　はたを　あげる	○	
2 あおい　はたを　あげる	○	
3 あおい　はたを　さげる	○	
4 あおい　はたを　あげる	×	しろい　はたを　さげる

〔2〕

ロボットへの めいれい	➡ ○か ×か	➡ ×の　ばあい、 ただしい　めいれい
1 しろい　はたを　あげる	○	
2 あおい　はたを　あげる	○	
3 りょうほうの　はたを　さげる	○	
4 あおい　はたを　あげる	○	

【こたえのヒント】
お子さんの解答には、正解もあれば間違いもあるかと思います。「×の　ばあい、ただしい　めいれい」の項目で、最終的に修正できていればよいでしょう。最初から正解できることもすばらしいですが、一度間違えても自分で見直して間違っていないか見直すこと、そして、間違えていたらそれをどうなおせば正解にたどりつけるかを考えるということが、とても大切です。もしお子さんが間違えていない場合は、おうちのかたが間違った答えを見せて、お子さんに修正してもらってもいいですね。

モーニングルーティーン②

いずれも正解がない問題です。お子さんとぜひ一緒に話し合ってみてください。

①想定している回答は、「うさぎに　えさを　あげる」の30分です。毎日それだけ時間をかけていたら大変ですが、しょうやさんはうさぎが大好きで、たくさんお世話をしたいお子さんなのもしれません。

②想定している回答は、「あさごはんを　たべる」の3分です。朝食はゆっくりと、しっかりかんで食べたいものです。

③実際に書いてみて、「何時に家を出発しなければならないから、何を何分でやったらいいか」「何時に起きたらいいか」などのように、朝の時間の使い方について話し合ったり、普段の生活で実践に移してみたりするのもいいですね。

リズムあそび

〔1〕まちがっている　カード（⑦）
　　かえる　カード（（あ））

【こたえのヒント】
「きらきらぼし」は、「タンタンタンタン」と「タンタンターン」の2つのリズムの組み合わせでできています。

〔2〕まちがっている　カード（④）
　　かえる　カード（（い））

りょうり

〔1〕

みちをまちがえた！

〔1〕 地図の中に書かれた「黒い矢印の道順」です。

〔2〕 工事をしている場所で、右に曲がるところを左
　　 に曲がった。

〔3〕 地図の中に書かれた「青い矢印の道順」です。

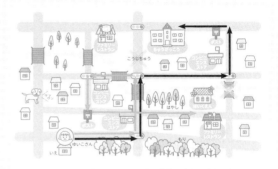

【こたえのヒント】

人に道を伝えるのは難しいことです。この地図の中
で、いろいろなところに行ってみて、道順を説明す
るのもよいでしょう。

【こたえのヒント】

卵焼きの焼き方までは手順に入れていません。お子
さんがお手伝いするときなどに、焼き方の手順を一
緒に確認しながら、作ってみてもいいですね。

〔2〕 以下は解答例です。

【こたえのヒント】

正解は1つではありません。たとえば、冷蔵庫から
バターを出すタイミングもそうですし、バターを先
に塗ってからトースターで焼くなどの方法もあるで
しょう。おうちのやり方や手順を踏んで、バターを
塗ったパンができあがれば、どの答えでも正解です。

「どのカード?」の
おうようもんだいとカード

「まちがいをなおす3 どのカード?」(82ページ)の おうよう もんだい
です。カードを コピーして、はさみで きって あそんでみましょう。

まちがいさがしの もんだいを つくって、おうちのひとや ともだちに といてもらおう!

【もんだいの つくりかた】

1 スタートから ゴールまで すすめるように、カードを なら
べます。

2 ならべた カードから 1まい えらんで、ちがう カードに
かえます。

3 おうちのひとや ともだちに「どれか 1まいだけ カードを
かえると、ねこが ゴールできます。どの カードを かえる
と いいでしょうか。」と きいて、といてもらいましょう。

【カード】

みぎ	みぎ	みぎ	みぎ	みぎ
ひだり	ひだり	ひだり	ひだり	ひだり
うえ	うえ	うえ	うえ	うえ
した	した	した	した	した

もっとプログラミングを知りたい人へ

　お子さんが本書のワークに挑戦することで、パソコンを使ってプログラミングを学ぶ前に必要な、プログラミング的思考の基礎となる考え方が身についてきたことと思います。

　ここでは、小学校におけるプログラミング教育の状況や、パソコンを使ったプログラミングアプリを紹介します。

小学校で必修化されたプログラミング教育

　プログラミング教育は、2020年度から小学校で必修化されました。プログラミング単独の教科が新設されたのではなく、各教科の学習の中でプログラミングの学習を取り入れる形での導入です。また、プログラミング言語の習得そのものが目的ではなく、プログラミングを通じて「プログラミング的思考」を学ぶことを目的としています。

　プログラミング的思考とは、端的に表現すれば「自分の意図する活動を実現するために、試行錯誤しながら論理的に考えていく力」のことです。これは、プログラミングだけでなく、何かにチャレンジしたり、課題を解決したりする際に重要な力だと言えるでしょう。ですから、プログラミング的思考を育てる要素は、これまでの小学校のどの教科の学習にも含まれていたとも言えます。

　ではなぜ、プログラミングを使って学ぶ必要があるのでしょうか。その長所としては、①プログラムが目に見える状況で残るので、自分が考えた順番を振り返りやすい、②プログラムを見直す際に、自分のどの考えが間違っていたのかを確かめやすい——の2つが挙げられます。

　通常の教科での学びの場合は、自分の思考の流れを振り返るときに思い出せない部分が出てきますが、プログラミングは考えたことをすべてプログラムという形で書き出さないと実行できないため、自分の考えを振り返ることに向いています。プログラミングで試行錯誤をしながら学習するやり方を学び、お子さんが他の教科の学びや日常生活に役立ててほしいと思っています。

小学校での実際のプログラミング教育

　では、実際に小学校ではどのような形でプログラミング教育が進められているのでしょうか。プログラミング教育の方法は大きく分けて２つあります。１つは「パソコンを使うプログラミング教育」と、もう１つは「パソコンを使わないプログラミング教育」です。

　まず、「パソコンを使うプログラミング教育」ですが、こちらは皆さんが思い描きやすいプログラミング教育だと思います。スクラッチのようなビジュアルプログラミング言語を用いて、プログラムを自らすべて書いていくのではなく、命令の元になるブロックを順に並べていくことで、プログラミングを完成させ、実行してみて、自分が意図したように動くのか確認します。

　スクラッチは、パソコン上で動くものですが、他にもブロックやロボットなど、パソコンのアプリで作成したプログラミングで、手元にあるものを動かすような教材も開発されています。

　また、パソコンを使わないプログラミング教育は「アンプラグドプログラミング教育」と言います。「アンプラグド」とは「プラグを抜いた」という意味で、パソコンなどを使わないプログラミング教育を指します。その意味では、本書はアンプラグドプログラミングに基づいた本と言えるでしょう。

　本書でも体験いただきましたが、日常生活や身の回りのものをプログラミング的思考で考えてみる、カードゲームなどで学ぶなどの方法があります。学校教育では主に低学年など、プログラミングを最初に学ぶときに用いられる方法です。

　現在、ＩＣＴ教育に注目が集まり、学校現場での1人1台端末の整備も進んでいます。お子さんがご自宅にタブレットＰＣを持ち帰る機会も増えると思いますので、ご家庭でもお子さんと一緒に楽しく遊びながら、実際のプログラミングにもチャレンジしてみていただければと思っています。

プログラミングで学べること

プログラミングを通じて学べることは、大きく分けると次の5つになります。

① 目的を達成するために必要な要素を考える(本書のパート1「わける」)

② 順番を考えながら組み合わせる(本書のパート2「ならべる・ならべかえる」)

③ 試してみる(本書のパート5「ためす・たしかめる」)

④ 目的通りに動かない場合は、どこが間違っているか修正する(本書のパート6「まちがいをなおす」)

⑤ 失敗から学び、試行錯誤を繰り返す(本書のパート6「まちがいをなおす」を繰り返し行う)

また、プログラミングで重要な「順序処理(ならべる・ならべかえる)」「繰り返し(くりかえし)」「条件分岐(ばあいわけ)」の考え方についても、プログラミングを行うことで身についていきます。なお、これらの考えたかについては、本書のパート3「くりかえし」とパート4「ばあいわけ」で取り扱っています。

今の世の中は、多くの要素が複雑に絡み合い、何が答えなのかも分からず、さらにはその答えすら簡単に移り変わる時代です。教科のテストのように、きっちりと1つの答えを出すことが正しいとは必ずしも言えないのかもしれません。そういう時代には、答えを求める「方法」ではなく、臨機応変に方法を変えつつアプローチする「やり方」が求められるのではないでしょうか。プログラミングは、そのような「やり方」を身につけるための1つのツールだといえるでしょう。さあ、プログラミングで遊んでみましょう。

【プログラミング関連サイト】

小学校を中心としたプログラミング教育ポータル「教材情報一覧」

https://miraino-manabi.jp/teaching

こどもSTEAM

6さいからはじめる
プログラミングの考え方

発行日　2021年7月29日（初版）

監修 ● 西原明法
著者 ● 栗山直子・森秀樹・齊藤貴浩
編集 ● 株式会社アルク　出版編集部
カバーデザイン ● 二ノ宮匡（NIXinc）
本文デザイン ● 二ノ宮匡（NIXinc）・岡村伊都
イラスト・DTP ● 岡村伊都

印刷・製本 ● 日経印刷株式会社

発行者 ● 天野智之
発行所 ● 株式会社アルク
　　　　　〒102-0073 東京都千代田区九段北4-2-6　市ヶ谷ビル
　　　　　Website：https://www.alc.co.jp/

落丁本、乱丁本は弊社にてお取り替えいたしております。
Webお問い合わせフォームにてご連絡ください。
https://www.alc.co.jp/inquiry/

地球人ネットワークを創る

アルクのシンボル
「地球人マーク」です。

VEGETABLE
OIL INK